"十三五"国家重点图书出版规划项目

画说鸡常见病快速诊断与防治技术

中国农业科学院组织编写

秦卓明　主编

中国农业科学技术出版社

图书在版编目（CIP）数据

画说鸡常见病快速诊断与防治技术 / 秦卓明主编 . —
北京：中国农业科学技术出版社，2019.6
ISBN 978-7-5116-4193-9

Ⅰ . ①画 ⋯ Ⅱ . ①秦 ⋯ Ⅲ . ①鸡病－诊疗－图解
Ⅳ . ① S858.31-64

中国版本图书馆 CIP 数据核字（2019）第 089698 号

责任编辑　崔改泵　李 华
责任校对　贾海霞

出 版 者　中国农业科学技术出版社
　　　　　北京市中关村南大街 12 号　邮编：100081
电　　话　（010）82109708（编辑室）　　（010）82109702（发行部）
　　　　　（010）82109709（读者服务部）
传　　真　（010）82106650
网　　址　http://www.castp.cn
经 销 者　各地新华书店
印 刷 者　北京富泰印刷有限责任公司
开　　本　880mm×1 230mm　1/32
印　　张　3.875
字　　数　108 千字
版　　次　2019 年 6 月第 1 版　2019 年 6 月第 1 次印刷
定　　价　35.00 元

编委会

《画说『三农』书系》

编委会

《画说鸡常见病快速诊断与防治技术》

主　编　秦卓明

副主编　刘玉山　张　伟　徐怀英

编　委　（以姓氏拼音为序）

黄迪海（山东省健牧生物药业有限公司）

李玉峰（山东省农业科学院家禽研究所）

刘　霞（山东省健牧生物药业有限公司）

刘玉山（山东省农业科学院家禽研究所）

秦卓明（山东省农业科学院家禽研究所）

王友令（山东省农业科学院家禽研究所）

徐怀英（山东省农业科学院家禽研究所）

张　伟（山东省农业科学院畜牧兽医研究所）

张再辉（山东省健牧生物药业有限公司）

序言

《画说『三农』书系》

　　农业、农村和农民问题，是关系国计民生的根本性问题。农业强不强、农村美不美、农民富不富，决定着亿万农民的获得感和幸福感，决定着我国全面小康社会的成色和社会主义现代化的质量。必须立足国情、农情，切实增强责任感、使命感和紧迫感，竭尽全力，以更大的决心、更明确的目标、更有力的举措推动农业全面升级、农村全面进步、农民全面发展，谱写乡村振兴的新篇章。

　　中国农业科学院是国家综合性农业科研机构，担负着全国农业重大基础与应用基础研究、应用研究和高新技术研究的任务，致力于解决我国农业及农村经济发展中战略性、全局性、关键性、基础性重大科技问题。根据习总书记"三个面向""两个一流""一个整体跃升"的指示精神，中国农业科学院面向世界农业科技前沿、面向国家重大需求、面向现代农业建设主战场，组织实施"科技创新工程"，加快建设世界一流学科和一流科研院所，勇攀高峰，率先跨越；牵头组建国家农业科技创新联盟，联合各级农业科研院所、高校、企业和农业生产组织，共同推动我国农业科技整体跃升，为乡村振兴提供强大的科技支撑。

组织编写《画说"三农"书系》，是中国农业科学院在新时代加快普及现代农业科技知识，帮助农民职业化发展的重要举措。我们在全国范围遴选优秀专家，组织编写农民朋友用得上、喜欢看的系列图书，图文并茂展示先进、实用的农业科技知识，希望能为农民朋友提升技能、发展产业、振兴乡村做出贡献。

中国农业科学院党组书记 张合成

2018 年 10 月 1 日

前言

作为一名长期在一线工作的禽病防控工作者，时常为不同类型的鸡病所困扰。一是鸡病种类繁多，十分复杂，既有病毒病，又有细菌病，还有真菌和寄生虫病等；二是鸡作为规模化最大的群居动物，其饲养环境和管理等因素与各种病原互为因果，导致临床症状纷繁多样；三是由于年代、职业和地域的局限性，即便是一个长期从事兽医临床的专家，也只能见到极其有限的病例。正因为如此，迫切需要一本通俗易懂，快速简便的鸡病诊断图谱，让读者比较直观地了解和把握各种鸡病的特点，并将其作为快速诊断的重要依据和参考，以便及时采取正确、合理和有效的防控措施。

本书由山东省农业科学院家禽研究所、畜牧兽医研究所和山东省健牧生物药业有限公司等单位的专家、教授联合完成，团队编写人员长期从事临床生产、科研和技术服务，具有丰富的临床防控经验。本书遴选出养鸡场常见的30种鸡病200多张典型图片，大多来自作者们长期的积累，再辅以简练的语言描述，使原本深奥的禽病防控技术变得通俗易懂，让养鸡者一看就懂，一学就会，具有较强的可操作性。需要补充说明的是，本书所用的药物及其使用剂量仅供参考，伴随着国家对于食品药[物]的严格控制，建议每一位读者要熟悉国家政策以及用药禁忌，选[择]最佳的预防和治疗方案。重点提倡生物安全等预防措施，御鸡病[于]禽舍之外。本书适合于广大的基层兽医、防疫员以及养殖户，也可[以]供教学、科研工作者参考，更适用于本科或专科毕业，又在养殖一[一]线工作的人员使用。

  本书从生产实际出发，将多年的临床、病理实践经验以及科研[的]成果汲取其精华，奉献于读者，但限于知识和水平，本书错误之处[，]在所难免，恳请各位读者不吝赐教。

编 者

2019 年 4 月

Contents 目　录

第一章

概　述

　　鸡是地球上饲养数量最大的温血动物，也是肉、蛋等高蛋白食品的主要提供者。世界上至少有30%以上的蛋白质食品源于禽类。2009年，在全世界约2.8亿t的各类肉品中，禽肉占0.92亿~0.95亿t，仅次于猪肉（1.03亿t）。"宁吃天上飞禽四两，不吃地上走兽半斤"，人类与禽较远的进化关系，降低了人、禽共患疾病的风险，再加上禽肉高蛋白、低脂肪等优点，禽类制品成为老百姓餐桌上不可或缺的美味佳肴。伴随着生活水平的不断提高，人们对家禽产品的内在品质要求进一步提高。因此，保障家禽的健康就是保障人类自身的健康，因为只有健康的鸡群，才能生产出健康合格的产品。

　　人类饲养家禽迄今已有近4 000年的历史（约在公元前2000）年，但真正规模化饲养始于20世纪60年代，历史不足百年。在一个很长的历史时期内，养鸡主要是农户散养。自1960年以后，世界家禽产业得到了前所未有的发展，主要发达国家的养鸡业开始由传统养鸡业向现代化养鸡业过渡。这一方面得益于科技的发展，特别是家禽营养学、遗传学、免疫学、机械设备、环境控制等学科的发展；另一方面得益于针对马立克氏病、新城疫等重大疾病疫苗的成功研制和应用，特别是禽病防控技术的综合提升。

　　数据显示，疫病是制约我国家禽产业生产和效益的主要因素。如果单从生产规模、生产能力和一些前沿科技创新等方面进行比较，我国与发达国家差距较少，但从禽病防控水平、单产、饲料利用率、劳动产出率、科技贡献率、规模化和产业化程度等重要指标来看，我国养禽业整体发展水平仅相当于欧美地区的一些养殖业发达国家20世纪80年代的水平。疫病防控已成为制约我国家禽业发展的技术"瓶颈"。我国禽病防控形势不容乐观，主要面临以下问题。

一、家禽数量大，疾病发生率高

中国是世界上第一蛋鸡养殖大国，商品肉鸡出栏总量位居世界第二，鸭、鹅的饲养数量均为世界第一。庞大的家禽数量，纷繁多样的饲养模式，再加上日益开放的世界家禽贸易决定了我国禽病防控的艰巨性和复杂性。

在刘金华、甘孟侯两位教授编著的《中国禽病学》第二版（2016）中，对危害我国鸡的主要疾病进行了论述，构成威胁并造成危害的鸡病种类目前为77种，包括各种传染性疫病43种（含病毒病17种，细菌病20种，寄生虫病6种）、营养代谢病23种和中毒性病8种。其中，以传染性疾病数量最多，危害最大。

改革开放带来了中国养禽业的高速发展，但落后的生产条件使得我国家禽疫病的防控受到诸多挑战，一些新的鸡病相继传入我国，成为中国养禽历史上难以忘却的伤痛，如传染性支气管炎（IB，1972）、传染性贫血因子（CAA，1992）、传染性喉气管炎（ILT，1987）、传染性囊病（IBD，1988）、高致病性禽流感（HPAI，2003）、禽白血病J亚型（ALV，1995）和心包积液综合征（2015）等。

大量的数据显示，我国每年因各种家禽疫病引起的死亡率高达15%~20%，远远高于发达国家的平均水平（发达国家一般在5%以内）。

二、病毒性疾病依然是家禽发病的主体

调查显示，新城疫（ND）、禽流感（AI）、传染性支气管炎（IB）、马立克氏病（MD）、传染性囊病（IBD）等病毒性疾病在生产中发生居多，占据家禽传染病总数的80%以上。

新城疫在我国流行历史最长（迄今80余年），是严重危害我国

养禽业的主要和较危险的疫病之一。山东省农业科学院家禽研究所近 20 年的病原分离系统跟踪（1996—2017）表明，新城疫约占病毒病的 20%。值得关注的是，高致病性禽流感日渐成为禽病防控的"主角"。在 2003—2018 年短短的 15 年中，高致病性禽流感 H5 亚型疫苗经历了由"Re-1"到"Re-12"的不断变更，几乎不到两年就会发生不同程度的变异。更为担忧的是，高致病性禽流感（H5N1、H5N2、H5N8、H5N6、H7N9 等亚型）和低致病性禽流感（H9N2、H7N9、H10N8、H4N6 等）在我国并存，对我国禽流感的防控提出了前所未有的挑战。传染性支气管炎、传染性喉炎等病毒性疾病仍不同程度存在。病毒性疾病依然是家禽疾病防控的焦点。

三、细菌性疾病危害加大

家禽生活在细菌性微生物的海洋中，有的细菌寄居在家禽体外，有的寄居在家禽体内。当家禽免疫功能正常时对家禽无害，体内寄生的细菌被称为正常菌丛（共栖体），还协同参与了家禽机体大量的生理活动，在家禽的新陈代谢、肠内容物的降解、消化等方面发挥着不可或缺的作用。但是，当家禽饲养密度过大，通风换气条件差，各种不利因素增多时，这些正常菌丛就会移位或发生定植，有可能转变为致病菌，破坏家禽的免疫系统，进而导致家禽疾病的发生，该类病数量仅次于病毒病，如鸡的大肠杆菌病、沙门氏菌病、支原体病和传染性鼻炎等。

资料显示，大肠杆菌病居细菌性疾病之首，占 1/3 以上。大肠杆菌病分布广泛，血清型繁多且极易产生耐药菌株。支原体是我国家禽中普遍存在的细菌病。细菌性疾病通常与环境卫生和合理用药等密切相关。因此，科学的饲养管理和生物安全至关重要。

四、经典性疾病仍不可忽视

伴随着家禽养殖环境的日趋改善，传统的细菌性和寄生虫性疾病日趋减少，如禽霍乱巴氏杆菌、鸡白痢沙门氏菌、各种寄生虫病等。

但是，中国幅员辽阔，养殖条件千差万别，特别是养鸡欠发达地区、部分农村饲养户等，养殖环境依旧十分恶劣。即便是养殖发达地区，由于不能实施"全进全出"，生物安全措施不到位，再加上饲养管理不善、感染免疫抑制病或发生多种不可预见的应激，那些经典疫病如鸡白痢、球虫病、禽霍乱等也会死灰复燃。

五、混合感染十分普遍

随着疾病种类的增多，两种以上的病原同时感染十分普遍，继发感染时常发生。流行病学调查显示，单一病原的感染率在30%以内，而70%的疫情与并发或继发感染有关。

在生产中，支原体、大肠杆菌等细菌，网状内皮增生症、传染性支气管炎、传染性贫血和禽偏肺等病毒以及大量的疫苗毒株等广泛存在。但这些致病因子在单一存在时致病力较弱或根本不致病，大都是条件性病原。一旦发生两种或两种以上的病原混合感染，它们之间可产生致病协同，比单一病原所致疾病要重得多。常见的多因子疾病主要包括：① 病毒 + 病毒（如低致病性禽流感（H9N2）+ IBV、NDV+IBV、H9N2+NDV 等）；② 病毒 + 细菌（如 IBV+ 大肠杆菌、H9N2+ 大肠杆菌、NDV+ 大肠杆菌、NDV+ 支原体等）；③ 病毒 + 寄生虫（如 NDV+ 球虫等）；④ 细菌 + 寄生虫（如大肠杆菌 + 球虫等）；⑤ 遗传因素 + 饲养管理（如呼吸系统疾病等）；⑥ 病原微生物 + 营养代谢障碍（如细菌感染 + 肉鸡腹水综合征等）；⑦ 病原微生物 + 饲养管理 + 营养代谢障碍（如矮小综合征等）。

六、免疫抑制性疾病普遍存在

可引起鸡发生免疫抑制病的病原广泛存在，主要的病原包括网状内皮增生症病毒（REV）、呼肠孤病毒（REO）、马立克氏病毒（MDV）、低致病性禽流感（H9N2）、传染性囊病病毒（IBDV）、鸡传染性贫血病毒（CIAV）及内源性和外源性禽白血病病毒（ALV）等。上述病原导致的免疫抑制性疾病在我国鸡场普遍发生，调查发

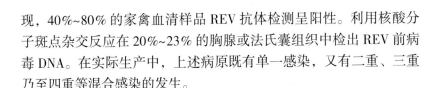

现，40%~80%的家禽血清样品REV抗体检测呈阳性。利用核酸分子斑点杂交反应在20%~23%的胸腺或法氏囊组织中检出REV前病毒DNA。在实际生产中，上述病原既有单一感染，又有二重、三重乃至四重等混合感染的发生。

七、耐药性不断涌现，给药物防控带来困难

国内外研究表明，由于抗生素的不合理使用，使主要病原菌产生了严重的耐药性。雷连成等（2001）报道，鸡大肠杆菌对庆大霉素、四环素、氯霉素、链霉素等的耐药率大于50%。刘金华等（2000）报道，鸡源金黄色葡萄球菌对青霉素等常用抗生素普遍耐药，金黄色葡萄球菌对常用的红霉素、青霉素、氟哌酸、氯霉素的耐药率分别达83.4%、91.2%、56.6%、57.3%。王红宁等（1999，2000）报道，鸡大肠杆菌的耐药率达11.6%~97.7%。

黄迪海等（2015）对山东、河北等地2013—2014年送检病禽进行细菌分离鉴定，对获得的大肠杆菌用17种药物进行敏感性试验。在分离出的28株大肠杆菌中，有27株对17种药物均存在不同程度的耐药性。对氨苄西林、氯霉素高度耐药，分别为96.43%和89.29%，对阿米卡星、多粘菌素、加替沙星耐药率较低，分别为32.14%、35.71%和42.86%，对舒巴坦钠分别与氨苄西林、头孢曲松、头孢克洛、头孢呋辛、头孢噻肟的组合物耐药率最低，均为7.14%。因此，应重视对大肠杆菌的耐药性监测，根据药敏结果选用合适的药物进行治疗。

总之，中国的禽病防控形势十分严峻，任重而道远，期待大家齐心协力，科学面对，就一定能取得鸡病预防的重大胜利，为家禽的健康保驾护航。

第二章

病毒性疾病

一、新城疫

（一）概述

新城疫（Newcastle disease，ND）是由病毒引起的鸡的一种急性、高度致死性的烈性传染病。该病分布广、传播快、死亡率高，是中国最重要和危害最大的一类动物疫病之一。

新城疫病毒（Newcastle disease virus，NDV）属于禽腮腺炎病毒属（*Avulavirus*），有囊膜，在囊膜的外层有放射状的纤突。该病毒基因组为不分节段的单股负链 RNA。NDV 只有一个血清型，不同疫苗毒株具有交叉保护。不同消毒剂对 NDV 均有消毒效果，但任何一种消毒剂或消毒方法均不能保证将其完全灭活。

（二）诊断要点

1. 流行病学诊断

鸡对新城疫病毒最易感。不同日龄的鸡均可感染。雏鸡发病最严重，特别是鸡群二免前后，发病率和死亡率均较高，雏鸡死亡率可高达 90%，各种药物无效，有明显的死亡高峰。育成鸡的死亡率大于成年鸡，但远低于雏鸡，易出现神经症状。经过多次免疫的蛋鸡或种鸡，可表现为不同程度的呼吸道症状或产蛋下降，死亡率较低（一般不超过 5%），但对生产性能影响较大。

病鸡、康复鸡及其分泌物、排泄物等是主要的传染源。水平传播为主，较少发生垂直经蛋传播。污染的用具、运输工具、饲料、

饮水、人员等也可成为传播媒介。

本病一年四季均可发生，以冬、春、秋季节发生较多。鸡舍通风不良，氨味过大等应激，感染低致病性禽流感、传染性法氏囊病等病毒，免疫程序不当等均是暴发本病的重要诱因。

2. 临床诊断

潜伏期3~5天。依据个体抵抗力和感染病毒的毒力不同，病鸡可分为急性、亚急性和慢性以及非典型等不同的临床症状。

（1）急性。病鸡突然发病，体温升高（可达43~44℃），精神沉郁（图2-1-1），口腔和鼻腔分泌物增多，病鸡为了排出黏液，常甩头并发出"咯咯"的怪声，个别鸡的眼睛肿胀（图2-1-2），呼吸困难。嗉囊满胀，内充满多量酸臭液体及气体，将病鸡倒提起，酸臭液体即从口中流出（图2-1-3）。病鸡常出现下痢，排出黄白色或黄绿色的稀粪（图2-1-4）。可在出现上述症状后几天内死亡。

图2-1-1 新城疫病鸡群精神沉郁　　图2-1-2 新城疫病鸡眼睛肿胀

图2-1-3 新城疫病鸡口吐黏液　图2-1-4 新城疫病鸡群拉黄白色或绿色稀粪

（2）亚急性和慢性。 病鸡出现不同程度的呼吸道症状。产蛋鸡主要表现为产蛋急剧下降甚至绝产，软壳蛋增多，蛋壳颜色变浅（褐色蛋）。畸形蛋增多，种蛋受精率和孵化率下降，雏鸡质量差。发病后期，病鸡出现各种神经症状，如头颈向后仰翻（图2-1-5），或向下扭转，站立不稳，共济失调或做圆圈运动（图2-1-6）。也可转入慢性，时间更长。

图2-1-5　慢性新城疫病鸡头颈扭曲，
　　　　　呈观星症状　　　图2-1-6　慢性新城疫病鸡扭颈症状

（3）非典型。免疫鸡群发病时，常呈非典型变化，临床症状和病理变化不典型，或主要表现呼吸道症状或神经症状以及产蛋下降等，发病率、死亡率相对较低。

3. 病理学诊断

主要症状是全身黏膜和浆膜出血，尤其以消化道和呼吸道最为明显。

消化道病变包括腺胃黏膜乳头出血，腺胃和肌胃结合部有带状出血（图2-1-7）。十二指肠的升段1/2处（图2-1-8）、卵黄蒂附近、回肠以及整个肠道黏膜充血和出血（图2-1-9），典型病变为椭圆形、枣核样溃疡灶，局部肿胀，呈紫红色。盲肠扁桃体肿胀、出血和坏死（图2-1-10）。此外，直肠和泄殖腔黏膜充血、出血（图2-1-11）。

呼吸道病变包括鼻腔、喉、气管黏膜充血和出血（图2-1-12）。

　　产蛋鸡卵泡充血、出血明显（图 2-1-13）；在卵泡的顶部出现血沟或疤痕、卵泡变性(图 2-1-14)。输卵管黏膜出血、水肿（图 2-1-15），个别可见乳白色分泌物（图 2-1-16）。

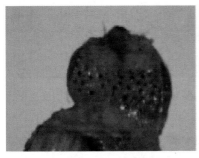 

图 2-1-7　新城疫病鸡腺胃乳头出血　图 2-1-8　新城疫病鸡十二指肠点状出血

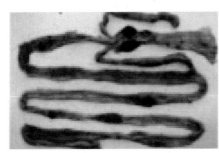 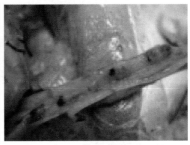

图 2-1-9　新城疫病鸡肠道出血和溃疡灶　图 2-1-10　新城疫病鸡盲肠扁桃体
　　　　　　　　　　　　　　　　　　　　　　　　出血点和溃疡灶

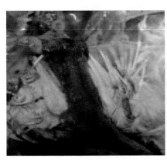 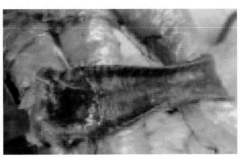

图 2-1-11　新城疫病鸡直肠和　图 2-1-12　新城疫发病鸡气管黏膜出血和黏液
　　　　　泄殖腔黏膜出血

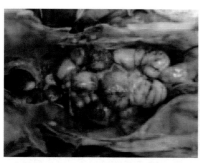 

图 2-1-13　新城疫病鸡卵泡充血　　图 2-1-14　新城疫病鸡卵泡变性和
　　　　　　　　　　　　　　　　　　　　　　　　　　液化坏死

图 2-1-15　新城疫病鸡输卵管黏膜　图 2-1-16　新城疫病鸡输卵管白色
　　　　　　出血、水肿　　　　　　　　　　　　黏液渗出物

4. 实验室诊断

病毒分离是新城疫诊断的"金标准"。有关新城疫的诊断已有国家标准，详见《新城疫诊断技术》（GB/T 16550—2008）。

血凝抑制试验（HI）是实验室利用血清学技术判定病毒感染最常用的技术手段。在未免疫鸡群，只要针对 NDV 的抗体滴度超过 4 Log2，就可以确定为感染。在免疫鸡群，如果 HI 抗体在发病后 10~14 天攀升 4 个滴度以上，且多数 HI 抗体效价参差不齐，或当部分抗体超过 13 Log2，即可判为感染。

（三）防控要点

在做好鸡场必要的隔离、消毒等生物安全的同时，最重要的是

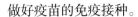

做好疫苗的免疫接种。

1. 免疫程序

科学的免疫程序十分重要。免疫程序的制定要结合所处地区的具体情况，结合养殖场的饲养规模、饲养方式等综合因素，以鸡群的生长状态和免疫抗体监测水平为基础，采取最安全、最有效的免疫途径和方法。切忌免疫程序千篇一律、生搬硬套等。

（1）一般免疫程序。蛋鸡和种鸡：7~9 天首免，采用弱毒 NDV 活疫苗，最好是滴鼻或点眼（有条件时，可进行气雾免疫）；21~28 天二次弱毒活疫苗免疫；以后每 1~2 个月，进行活疫苗免疫 1 次。灭活苗接种日龄：分别在 4~5 周龄，10~12 周龄，20~22 周龄和 40 周龄。开产前的新城疫灭活疫苗采用基因Ⅶ型灭活苗，且至少免疫 2 次。

商品肉鸡：7~9 天首免，采用弱毒 NDV 活疫苗，最好是滴鼻或点眼（有条件时，可进行气雾免疫）；21~28 天二次弱毒活疫苗免疫。气雾免疫易引起慢性呼吸道疾病。

（2）注意事项。首先，坚持新城疫灭活苗和弱毒苗的联合免疫，提高鸡群的细胞免疫和体液及黏膜免疫。其次，做好实验室 NDV 抗体监控，开产前的种鸡和蛋鸡抗体应保持在 10 Log2 以上，且最好利用基因Ⅶ型 ND 灭活苗免疫。一旦抗体低于保护阈值，应立即进行免疫。第三，加强消毒、卫生和营养等生物安全措施综合管理，提高鸡体健康水平，降低各种应激。

2. 免疫效果评价

免疫鸡群的血凝抑制（HI）抗体滴度高低与对鸡群的攻毒保护率呈正相关。当鸡群的 HI 抗体滴度低于 4 Log2 时，基本不保护；当 HI 抗体滴度 ≥ 6 Log2 时，攻毒（针对死亡）保护率为 100%。当 HI 抗体滴度介于 6~9 Log2 时，鸡群不发生死亡，但可能影响产蛋。当 HI 抗体滴度 ≥ 10 Log2 时，则均能得到保护，对产蛋不影响。

3. 发病对策

无特效药可以治疗。新城疫为一类动物疫病，一旦发病，首先，应立即采取紧急隔离措施，同时上报当地主管部门。经确诊后，由当地政府划定疫区进行封锁。其次，应采取紧急消毒措施，对鸡舍、用具等使用 5%~10% 漂白粉、2% 烧碱溶液进行消毒；对病死鸡尸体、内脏及排泄物等应进行无害化处理；对场区进行无死角气雾消毒。第三，对禁区内所有鸡群及其产品进行无害化处理。

二、高致病性禽流感

（一）概述

高致病性禽流感（Highly pathogenic avian influenza，HPAI）是由病毒（主要是 H5 和 H7 亚型）引起的禽类的一种烈性、高度致死性传染病，以高发病率和高死亡率为主要危害特征。该病曾在多个国家造成灾难，我国将其列为一类动物疫病。

禽流感病毒(Avian influenza，AIV)属于正黏病毒科(Orthomyxoviridae)的 A 型流感病毒，有囊膜，基因组核酸由分节段的 RNA 组成。根据病毒囊膜上的血凝素（HA）和神经氨酸酶（NA）的抗原性，可分为不同的亚型，不同亚型之间缺乏交叉反应，该病毒的抗原性容易发生变异。目前，已知 HA 有 18 个亚型（禽类有 16 个亚型），NA 有 11 个亚型（禽类有 10 个亚型），二者可有不同的组合。不同亚型的禽流感病毒之间缺乏交叉保护。已经证实，全球发生过的 HPAIV 仅限于 H5N1、H5N2、H5N6、H5N8 和 H7N9 等亚型。

（二）诊断要点

1. 流行病学诊断

多种家禽（鸡、鸭、番鸭、鹅等）、野禽和（迁徙）鸟类均易感，但以鸡易感性最高。不同日龄的鸡均可感染发病，以产蛋鸡居多。水平传播，主要通过接触感染，也可通过空气传播。很少发生垂直传播，疫病传播速度慢。但一旦感染，传播速度快。一年四季均可发生，以冬、春季节高发。

2. 临床诊断

鸡群发病后突然死亡，精神极度沉郁（图 2-2-1），体温升高超过 43℃，厌食。鸡冠出血或发绀、头部和面部水肿（图 2-2-2）。皮下水肿（尤其是头颈、胸部皮下）或呈胶冻样浸润。翅膀、嗉囊部皮肤表面有红黑色斑块状出血等，脚上鳞片出血（图2-2-3）。病鸡腹泻，拉黄绿色、灰绿色或伴有血液粪便（图2-2-4）。严重的呼吸道症状如打喷嚏、呼吸困难，伸颈呼吸，个别有怪叫。产蛋鸡产蛋下降甚至停止，蛋壳颜色变浅或产软壳蛋(图2-2-5)。

图 2-2-1 高致病性禽流感病鸡肿眼和站立不稳

发病后期，少数病鸡出现头颈扭曲等神经症状。

图 2-2-2 高致病性禽流感病鸡冠子发紫

图 2-2-3 高致病性禽流感病鸡腿部和脚垫鳞片出血

图2-2-4 高致病性禽流感病鸡排白绿色粪便

图2-2-5 高致病性禽流感病鸡蛋壳颜色变浅和产软壳蛋

3. 病理学诊断

该病呈严重的急性败血症，具体表现为全身性组织和器官等出血、坏死和水肿等。

（1）消化道系统。消化道黏膜广泛充血、出血或糜烂（图2-2-6）。从口腔至泄殖腔整个消化道黏膜包括十二指肠（图2-2-7）、空肠和直肠等出血、溃疡或糜烂，肠系膜出血，导致腹腔病变（图2-2-8）。腺胃乳头出血和水肿，腺胃壁出血（图2-2-9）。

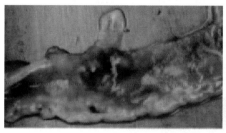

图2-2-6　高致病性禽流感病鸡肠道糜烂出血

图2-2-7　高致病性禽流感病鸡十二指肠出血和胰腺点状坏死点

图2-2-8　高致病性禽流感病鸡肠系膜出血所导致的腹腔病变

图2-2-9　高致病性禽流感病鸡腺胃乳头肿大和腺胃壁出血

（2）呼吸道系统。黏膜广泛充血、出血。呼吸道喉头黏膜、气管黏膜等出血，血痰较多（图2-2-10）。肺脏充血、淤血和出血（图2-2-11）。

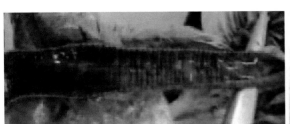

图 2-2-10　高致病性禽流感病鸡气管黏膜出血和大量黏液

图 2-2-11　高致病性禽流感病鸡肺部淤血、充血和水肿

（3）内脏器官。肝脏肿大、质脆（图2-2-12），易破裂（图2-2-13）、色浅和出血（图2-2-14），多色彩，有黄色条纹（图2-2-15）。胰腺有褐色或白色斑点样出血（图2-2-16）以及变性的坏死灶，此为特征性病变。心冠脂肪、心外膜（图2-2-17）及腹部脂肪出血（图2-2-18）。

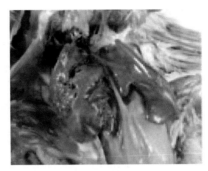

图 2-2-12　高致病性禽流感肝脏易碎和胆囊肿大

图 2-2-13　高致病性禽流感病鸡肝脏破裂和肝脏出血

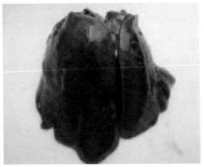

图 2-2-14　高致病性禽流感病鸡肝脏弥散性出血

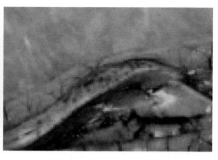

图 2-2-15　高致病性禽流感病鸡
　　　　　肝脏颜色变浅和黄色条纹

图 2-2-16　高致病性禽流感病鸡胰腺
　　　　　点状出血

图 2-2-17　高致病性禽流感病鸡
　　　　　心脏黏膜出血

图 2-2-18　高致病性禽流感病鸡胸部
　　　　　肌肉出血

（4）生殖和生产系统。病鸡输卵管、子宫充血、出血和水肿，输卵管中有大量黏稠性乳白色分泌物或凝块，或类似豆腐渣样的物质（图 2-2-19、图 2-2-20）。卵泡充血、出血，由金黄色变为鲜艳的红色（图 2-2-21），严重者变为紫色或黑紫红色，后期的卵泡萎缩、破裂和变性（图 2-2-22），有的还可见"卵黄性腹膜炎"。

4. 实验室诊断

依据临床症状和剖检病变疑为高致病性禽流感时，应立即报告当地兽医主管部门。在必要时，可采集病料送农业农村部指定的专业实验室分离鉴定病毒。

我国卫生部 2006 年发布的《人间传染的病原微生物目录》规定，高致病性禽流感病毒的分离和鉴定操作应在生物安全三级实验

室（BSL-3）进行。一旦确诊，应在政府指导下，采取切实可行的
扑杀、隔离和消毒等措施，防止疫情散播。

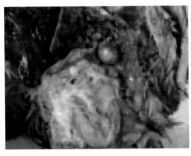

图 2-2-19 高致病性禽流感病鸡 　　图 2-2-20 高致病性禽流感病鸡输卵管
　　　　　输卵管渗出物 　　　　　　　　　　　分泌大量黏液

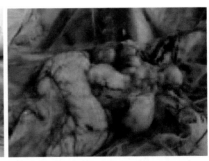

图 2-2-21 高致病性禽流感病鸡卵泡 　　图 2-2-22 高致病性禽流感病鸡卵泡
　　　　　充血呈鲜红色 　　　　　　　　　　　变形和变性

（三）防控要点

我国对禽流感的防控主要采取强制免疫、监测、检疫和监管相
结合的综合措施，对所有易感家禽实行全面强制免疫，一旦发病就
必须按农业农村部的规定进行扑杀和无害化处理。

1. 疫情处置

由县级以上兽医主管部门报请同级人民政府决定对疫区实行封
锁；人民政府在接到封锁报告后，应在 24h 内发布封锁令，对疫区

进行封锁，取缔疫区内所有家禽交易，对所有的家禽及其产品进行无害化处理。

2. 疫苗免疫

灭活疫苗是我国防控禽流感的重要技术措施，具有免疫效果好、安全性高、免疫持续时间长且不会出现毒株毒力返强和变异的优点，可保护同种 HPAIV 亚型的攻击。

（1）常用灭活疫苗。根据禽流感病毒不断发生变异的特点，平均不到 2 年就需要更新一种疫苗（图 2-2-23）。我国相继研制出 Re-1~Re-12 株 H5 亚型重组疫苗。2017 年 7 月，研制出重组禽流感病毒（H5+H7）二价灭活疫苗（H5N1 Re-8 株 +H7N9 H7-Re1 株）。2018 年 12 月，研制出重组禽流感病毒（H5+H7）三价灭活疫苗（H5 Re-11株+ Re-12株+H7 Re-2株）。

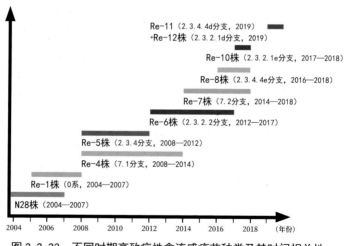

图 2-2-23　不同时期高致病性禽流感疫苗种类及其时间相关性

（2）免疫程序。免疫程序的制定和疫苗的选择应根据我国 AIV 流行情况和鸡群背景包括当地疫情、鸡群日龄、免疫间隔、抗体水平等综合制定。

第一，应确定 AIV 危害的种类和目前本地区危害的主要毒株。流行病学调查显示，我国禽流感防控形势严峻。HPAIV 包括：

H5N1、H5N2、H5N6、H5N8 和 H7N9 等不同亚型 AIV。H5 亚型 AIV 又进一步分为不同的亚系，如 2.3.2、2.3.4、7.0 等；且 2.3.2 进一步演化为 2.3.2.1、2.3.2.2 等；2.3.4 系又进一步演化为 2.3.4.1、2.3.4.2~2.3.4.6 等；7.0 系又进一步演化为 7.1、7.2 等。每种亚型毒株均易发生变异。

第二，在确定流行毒株的基础上，应进行疫苗保护性的筛选。不同亚型的禽流感病毒之间缺乏交叉保护，同一种亚型的疫苗需要进行两次以上的免疫。

第三，一般情况下，应确保蛋鸡在开产前，主要流行株 AIV 不同亚型的疫苗，如目前流行的 7.2、2.3.4.6、2.3.2.4、H7N9 等不同亚型禽流感疫苗每种应至少免疫接种 3 次以上。

蛋鸡或种鸡：7~10 天一免，剂量为 0.3~0.5ml；28~30 天二免，剂量为 0.5ml；开产前 120~140 天三免；35~40 周龄，应加强免疫。

商品肉鸡：一般不免疫。

（3）免疫监控。一般说来，AIV 油苗免疫接种后 7~14 天产生抗体，HI 抗体最早在 7 天可检出，AGP 抗体最早在 14 天可检出，抗体高峰一般在 3 周以后。免疫较好的鸡群应抗体滴度均匀，HI 效价应总体保持在 6 Log2 以上。开产前蛋鸡的抗体应控制在 8~10 Log2，种母鸡（包含公鸡）的抗体应控制在 9~11 Log2。如果达不到要求，则意味着需要重新免疫。

三、低致病性禽流感

（一）概述

低致病性禽流感（Lowly pathogenic avian influenza，LPAI）与高致病性禽流感在病原学方面相同。LPAI 主要由中等毒力以下的禽流感病毒（LPAIV）引起，以产蛋鸡产蛋下降或雏鸡的呼吸道症状为发病特征，易发生并发或继发感染。该类病常见的病原有 H9N2、H9N3、H7N9、H4 亚群、H6 亚群和 H10 亚群等低致病性禽流感病毒。

（二）诊断要点

1. 流行病学诊断

不同日龄的鸡均易感染，以雏鸡发病率较高。水平传播，很少发生垂直传播。与 HPAI 不同的是，该类病原通常以气源性传播为主，疫病传播速度较快。

一年四季均可发生，以冬、春季节发生较多，易发生细菌混合感染。

2. 临床诊断

病初表现体温升高，精神沉郁（图 2-3-1）；采食量减少或急骤下降，排黄绿色稀便；出现明显的呼吸道症状，如咳嗽、啰音、伸颈张口和鼻窦肿胀等；部分鸡肿头、肿眼和眼睛流泪（图 2-3-2）。少数病鸡在发病后期有神经症状。产蛋鸡感染后产蛋严重下降，蛋壳质量变差、畸形蛋增多（图 2-3-3），严重时绝产。

图 2-3-1 低致病性禽流感病鸡精神萎靡

图 2-3-2 低致病性流感病鸡肿头、肿眼和流泪

图 2-3-3 低致病性禽流感病鸡产蛋下降、产畸形蛋以及劣质蛋

3. 病理学诊断

主要病变在呼吸道，尤其是鼻窦。典型症状是出现卡他性、纤维性蛋白质、浆液性纤维素性等炎症。气管黏膜充血水肿（图2-3-4），偶尔出血。气管渗出物从浆液性变为干酪样，偶尔发生通气闭塞。容易发生心包积液（图2-3-5）和气囊炎（图2-3-6）。

图2-3-4 低致病性禽流感气管黏膜出血

图2-3-5 低致病性禽流感病鸡心包 积液，充满淡黄色液体

图2-3-6 低致病性禽流感病鸡气囊炎

腺胃乳头及其他内脏器官轻度出血。易继发细菌感染，导致心包炎、肝周炎（图2-3-7）和腹膜炎（图2-3-8）等。泄殖腔黏膜出血（图2-3-9）。

产蛋鸡卵泡充血、出血、变形和破裂。输卵管内有白色、淡黄色胶冻样物（图2-3-10），同时伴有炎性分泌物，并发生水肿和出血（图2-3-11）。易发生卵黄性腹膜炎（图2-3-12）。

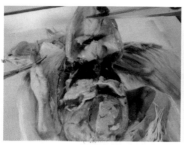
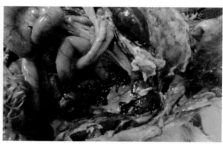

图 2-3-7　低致病性禽流感病鸡　　图 2-3-8　低致病性禽流感病鸡腹膜炎
　　　　　　肝周炎

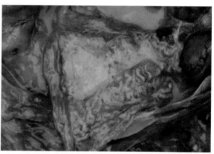

图 2-3-9　低致病性禽流感病鸡　　图 2-3-10　低致病性禽流感病鸡输卵
　　　　　　泄殖腔黏膜出血　　　　　　　　　管水肿出血、内有干酪物

图 2-3-11　低致病性禽流感病鸡输卵管　　图 2-3-12　低致病性禽流感导致的
　　　　　　出血和炎性渗出物　　　　　　　　　　病鸡卵黄性腹膜炎

4. 实验室诊断

病毒分离是低致病性禽流感诊断的"金标准"。与新城疫相似，血凝抑制试验（HI）是利用血清学技术判定低致病性禽流感病毒感染最常用的技术。在未免疫鸡群，只要针对 LPAIV 的抗体滴度超过 4 Log2，就可以确定为感染。在免疫鸡群，如果抗体在发病后 10~14 天攀升 4 个滴度以上，且多数 HI 抗体效价参差不齐，或当部分抗体超过 16 Log2，即可判为感染（H9N2 比较特殊，个别时候疫苗的免疫抗体可以达到 16 Log2）。

（三）防控要点

1. 免疫程序和免疫效果评价

对于低致病性鸡流感，应采取"疫苗免疫为主，治疗、消毒、改善饲养管理和防止继发感染为辅"的综合措施。疫苗免疫和免疫效果评价参考高致病性禽流感。

2. 发病对策

无特效药可以治疗。一旦家禽感染 LPAIV，其呼吸道上皮细胞纤毛运动和吞噬细胞功能下降，抗病能力降低，极易发生继发性感染。药物治疗越早越好。对高热病例，可使用阿司匹林、安乃近等药物解热镇痛；预防大肠杆菌、慢性呼吸道病等细菌病的发生可使用土霉素、恩诺沙星等抗菌药。在对症治疗的同时，还应该使用抗病毒制剂和免疫调节剂，提高和恢复机体的免疫调节机能。中药如强力咳喘灵、大青叶、清瘟散或板蓝根等具有清热解毒、止咳平喘的功能，这些药既有抗病毒作用，又可增加机体的抗病力，临床应用效果较好。

四、鸡传染性法氏囊病

（一）概述

传染性法氏囊病（Infectious bursal disease，IBD）是由病毒引起的一种急性、高度接触性和免疫抑制性的疫病。临床上以排白色水样或白色黏稠粪便，法氏囊显著肿大并出血，胸肌和腿肌呈斑块状出血为特征。传染性法氏囊病病毒（Infectious bursal disease virus，IBDV）属于双 RNA 病毒科禽双 RNA 病毒属，无囊膜。在外界环境中极其稳定，能够在鸡舍中长期存活，对碱性消毒剂敏感。

（二）诊断要点

1. 流行病学诊断

主要感染鸡，2~15 周龄鸡均可发病，3~6 周龄鸡最易感。该病发病率较高，死亡率一般为 5%~30%。继发感染或合并感染时死亡率可超过 40%。该病通常是突然发病，传播迅速，以水平传播为主。卫生管理差、饲养密度高等是重要致病病因。

2. 临床诊断

潜伏期 2~3 天，病鸡最初表现为昏睡、呆立、翅膀下垂等（图 2-4-1），排白色水样稀便为主，泄殖腔周围羽毛常被粪便污染。发病第 3 天开始死亡，5~7 天内死亡达到高峰并逐渐减少，呈一过性死亡。发病周期短，通常发病 1 周后迅速康复。

图 2-4-1　传染性法氏囊病病鸡精神萎靡

3. 病理学诊断

病死鸡脱水，皮下干燥。胸部、腹部和腿部肌肉呈条状、斑点状或涂刷状出血（图 2-4-2）。在感染后 2~3 天，法氏囊呈胶冻样水肿，体积和重量会增大至正常的 1~4 倍（图 2-4-3）；感染 3~5 天的法氏囊切开后，可见有多量黄色黏液或奶油样物，黏膜充血、出血。偶尔可见整个法氏囊呈紫色葡萄样（图 2-4-4、图 2-4-5）。感染 5~7 天，法氏囊逐渐萎缩。腺胃乳头出血（图 2-4-6）。肾肿大，白色尿酸盐沉积。输尿管尿酸盐沉积（图 2-4-7）。

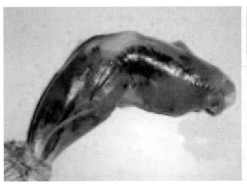

图 2-4-2 传染性囊病肌肉出血

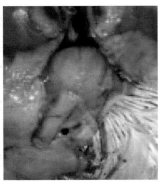

图 2-4-3 传染性法氏囊病
法氏囊水肿

图 2-4-4 传染性法氏囊病
法氏囊紫葡萄样病变

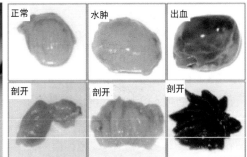

正常　　水肿　　出血

剖开　　剖开　　剖开

图 2-4-5 正常鸡群法氏囊和发病鸡比较

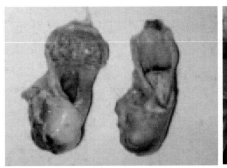

图 2-4-6 传染性囊病腺胃乳头

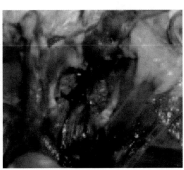

图 2-4-7 传染性囊病肾脏尿酸盐
沉积

4. 实验室诊断

病毒的分离和鉴定是确诊本病的重要手段。可以利用琼脂扩散试验、特异性单抗和分子诊断等进行病毒的鉴定。

（三）防控要点

1. 免疫接种

疫苗免疫预防是控制该病的重要措施。

（1）活疫苗。种类较多，常分为三大类。一类是温和型或低毒力型的活苗如 D78、LID228、CT 等。二类是中等毒力型活苗如 J87、BJ836、B87、Lukert 细胞毒等。三类是高毒力型的活疫苗如 2512 毒株、J1 株等。疫苗的免疫效果与毒力成正比，但疫苗本身具有危害性。

（2）灭活疫苗。如 CJ-801-BKF 株、X 株、强毒 G 株等灭活疫苗，主要应用于种鸡开产前免疫。

（3）免疫程序。疫苗应选择适合本地区的优质疫苗。免疫程序应根据当地情况和鸡群的母源抗体水平等综合制定。

种鸡群：10~14 日龄首免，5 周龄二免，20 周龄和 38 周龄时灭活苗免疫。

肉用雏鸡或蛋鸡：10~14 日龄首免，24~28 日龄二免。必要时，三免。

2. 发病对策

没有特效的治疗药物。利用 IBD 高免卵黄抗体、康复鸡的血清或人工高免鸡的血清，每只皮下或肌内注射 0.5~1.0ml，效果可靠。必要时第二天可再注射 1 次。

可对症进行辅助治疗。口服补液盐（氯化钠 3.5g、碳酸氢钠 2.5g、氯化钾 1.5g、葡萄糖 20g，水 2 500~5 000ml）或 5% 的葡萄糖液等均可有效缓解病症。

五、传染性喉气管炎

（一）概述

传染性喉气管炎（Infectious laryngotracheitis，ILT）是由病毒引起的鸡的一种急性、高度接触性呼吸道传染病，主要感染成年鸡。特征性症状是呼吸困难和咳出带血液的渗出物。

传染性喉气管炎病毒（ILTV）属于疱疹病毒科，α－疱疹病毒亚科，传染性喉气管炎病毒属禽疱疹病毒 I 型。成熟的病毒粒子有囊膜，囊膜表面有纤突。本病毒对乙醚、氯仿等脂溶剂敏感，对外界环境的抵抗力较强。

（二）诊断要点

1. 流行病学诊断

主要感染鸡。通常只有育成鸡和成年产蛋鸡才表现出典型的发病症状。从发病开始到终息，需要 4~5 周。水平传播，不垂直传播。本病一年四季均可发生，但以寒冷的季节多见。易感鸡群的感染率为 90%~100%，死亡率为 5%~30%。

2. 临床诊断

该病发病急，死亡快，主要危害成年鸡，通常是强壮鸡先死亡。病鸡呼吸困难（在呼吸道疾病中症状最重），通常伸颈张口呼吸（图 2-5-1）、低头缩颈吸气，不时发出"咯咯"声，且伴有啰音和喘鸣，甩头并咳出血痰和带血液的黏性分泌物，病鸡往往因窒息死亡。病鸡鸡冠发紫，眼睛流泪，流出半透明的黏液和出现干酪样物（图 2-5-2）。眼结膜水肿充血，出血，严重的眶下窦水肿出血。产蛋鸡发病时产蛋率下降 10%~20% 或更多。上述症状以褐羽鸡和地方品种鸡危害症状最严重。

3. 病理学诊断

典型病变在气管和喉部。病/死鸡喉头和气管上 1/3 处黏膜水肿、出血（图2-5-3），严重者气管内有血样黏条（图2-5-4），喉头和气管内覆盖黏液性分泌物（图2-5-5）。病鸡气管内黄色干酪样物（图2-5-6），形成假膜，严重时形成黄色栓子，阻塞喉头，造成全身器官严重淤血。心脏黏膜出血（图2-5-7）。产蛋鸡卵泡萎缩变性（图2-5-8）。

图2-5-1 传染性喉炎病鸡张口呼吸

图2-5-2 传染性喉炎病鸡眼睛干酪样物

图2-5-3 传染性喉炎病鸡气管出血

图2-5-4 传染性喉炎病鸡气管内血丝

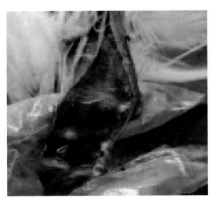

图 2-5-5　传染性喉炎病鸡气管　　2-5-6　传染性喉炎病鸡气管干酪样物
　　　　　黏膜出血

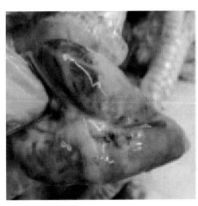
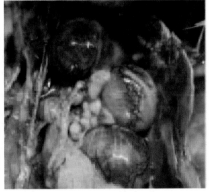

图 2-5-7　传染性喉炎病鸡心脏黏膜出血　　图 2-5-8　传染性喉炎病鸡卵泡出血

（三）防控要点

1. 免疫接种

疫苗是控制传染性喉气管炎最重要的手段，最常用的疫苗是活疫苗。点眼接种弱毒疫苗是控制 ILTV 的重要技术措施，点眼接种适用于不同日龄的鸡。泄殖腔接种，免疫效果较好，但费时费力，且容易对法氏囊构成损伤。不建议饮水免疫。

注意：该疫苗具有一定的毒力，疫苗接种后，往往会有5%~10%的鸡发生结膜炎，但一般在1周内恢复，严重的可引起死亡。

免疫程序：4~12周龄免疫接种效果最佳。首免4~5周龄，二免12~14周龄。

不能对4周龄以下的雏鸡（对雏鸡可致病）和18周龄以上的鸡进行接种（对开产前鸡有一定的致病性）。商品肉鸡不免疫。

无本病流行的地区最好不进行免疫接种，否则易造成终身带毒，形成污染。

2. 发病对策

一旦发病，无特效药治疗。

（1）紧急接种。疫病发生后要迅速淘汰病鸡，隔离易感鸡群，必要时紧急接种。对发病和死亡的鸡进行严格无害化处理，防止疫病扩散。彻底清洗建筑物和设备，采用消毒剂如复合酚、次氯酸钠、碘伏或季铵盐复合物进行喷雾消毒。

（2）对症治疗。群体治疗：应用平喘药物可缓解症状，每只鸡氨茶碱50mg/天，饮水或拌料投服，连用4~5天；中药"麻杏石甘口服液"，每升水加入1~1.5ml，自由饮用；0.2%氯化铵饮水，连用2~3天。可采用地塞米松、卡那霉素和泰乐菌素等饮水，防止继发细菌感染。

个体治疗：中药喉症丸或六神丸，每天2~3粒/只，连用3天。

六、鸡传染性支气管炎

（一）概述

传染性支气管炎（Infectious bronchitis，IB）是由病毒引起的鸡的一种急性、高度接触性呼吸道传染病，可危害家禽的呼吸系统、泌尿生殖系统和消化系统等，造成家禽多器官的危害，且具有高度传染性，严重影响家禽的生产、生长和繁殖性能，是危害我国养鸡业的重要传染病之一。

传染性支气管炎病毒（IBV）属于冠状病毒科γ冠状病毒属，是冠状病毒科的代表株。有囊膜，其上有纤突，基因组为单股 RNA。IBV 对外界的抵抗能力不强，大部分 IBV 毒株可被 56℃ 15min 或 45℃ 90min 灭活。

（二）诊断要点

1. 流行病学诊断

各种日龄鸡均可感染，以 1~5 周龄雏鸡最严重，发病率高，死亡率可达 20%~60%。随着日龄的增长，易感性降低。产蛋鸡发病主要影响产蛋和蛋品质量。疫病传播快，一个鸡舍中，一旦出现该病，则 2~3 天内传遍全群。水平传播，不垂直传播。

IB 的发生多见于秋末至翌年春末，冬季最为严重。环境因素差（冷、热、拥挤、通风不良等）、强烈的应激（疫苗接种、转群等）可诱发该病。

2. 临床诊断

IB 潜伏期短，一般为 1~3 天。临床上分为呼吸型、肾型、腺胃型和生殖型等。

呼吸型：病鸡精神萎靡、食欲废绝、怕冷挤堆、眼睛流泪。病鸡表现为张口伸颈呼吸（图 2-6-1）、咳嗽、鼻腔流浆液性或黏液性分泌物，发出喘鸣声。产蛋鸡呼吸道症状轻微，产蛋下降，产畸形蛋、沙壳蛋、软壳蛋和褪色蛋（图 2-6-2），蛋白稀薄如水（图 2-6-3），蛋壳表面石灰样物质沉积。

肾型：多发于 14~50 日龄雏鸡，以 20~30 日龄最易感。病初有轻微呼吸道症状。饮水量增加。腹泻、排出白色奶油样（石灰水样）粪便。病鸡脱水明显，爪部干燥无光泽。

腺胃型：多发于 40~60 日龄雏鸡。病鸡采食量下降，精神差，羽毛蓬松、呆立于角落。拉白、绿色稀便。高度消瘦，发育差。

生殖型：鸡群早期若感染过 IBV，则开产时产蛋率上升速度较慢，无产蛋高峰。病鸡腹部膨大呈"大裆鸡"，触诊有波动感，行走时呈企鹅状步态（图 2-6-4）。

图2-6-1　传染性支气管炎病鸡张口
呼吸

图2-6-2　传染性支气管炎病鸡产
畸形蛋和沙壳蛋

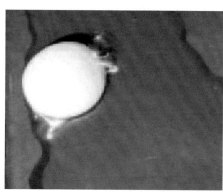

图2-6-3　传染性支气管炎病鸡所产蛋蛋黄
和蛋清分离

图2-6-4　传染性支气管炎病鸡
企鹅样站立

3. 病理学诊断

呼吸型：病鸡上呼吸道出现黏膜水肿、充血和出血。严重发病者，下呼吸道管腔内有浆液性或黄色干酪物；支气管出血水肿，内积大量液体或被黄色干酪物阻塞（也称支气管堵塞）。

产蛋鸡卵泡充血、出血，腹腔内有液化和凝固的卵黄。输卵管的重量和长度明显减少。

肾型：肾脏肿大数倍，呈"哑铃形"，肾小管内充满尿酸盐结晶、苍白，形成"花斑肾"。输尿管内积大量尿酸盐（图2-6-5），肾脏出血（图2-6-6）。严重病例，心包膜，肝脏被膜，甚至肌肉等可见白色石灰样的尿酸盐（图2-6-7、图2-6-8）。胆囊充盈（图2-6-9），含有大量尿酸盐（图2-6-10）。

腺胃型：腺胃肿大，大小如乒乓球，乳头肿大出血，个别乳头融合形成火山口样溃疡（图2-6-11），分泌脓性分泌物（图2-6-12）。

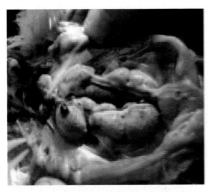
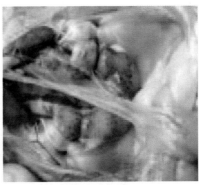

图2-6-5 传染性支气管炎病鸡肾脏肿胀　图2-6-6 传染性支气管炎商品肉鸡肾脏出血

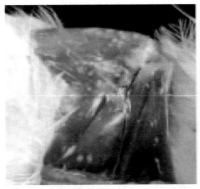
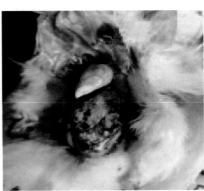

图2-6-7 传染性支气管炎病鸡肌肉坏死和尿酸盐　图2-6-8 传染性支气管炎病鸡心脏尿酸盐

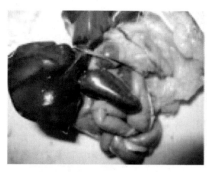

图2-6-9 传染性支气管炎病鸡胆囊肿胀

图2-6-10 传染性支气管炎病鸡胆囊尿酸盐

图2-6-11 传染性支气管炎病鸡腺胃乳头病变

图2-6-12 传染性支气管炎病鸡腺胃乳头肿胀

生殖型：病鸡输卵管发育不良、短小，管腔变细、闭塞或形成囊肿（图2-6-13），其壁薄，内含有清亮液体，有大量积液（图2-6-14）。卵巢萎缩（图2-6-15）。

4. 实验室诊断

将可疑病料接种SPF鸡胚，连续传代，可出现典型的侏儒胚病变。

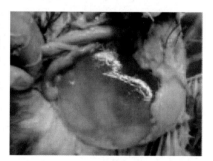

图2-6-13 传染性支气管炎病鸡输卵管囊肿

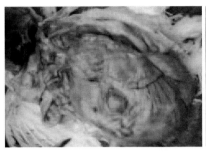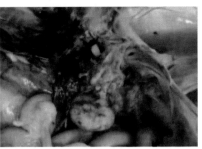

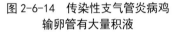

图 2-6-14　传染性支气管炎病鸡 　　图 2-6-15　传染性支气管炎病鸡卵泡
　　　　　　输卵管有大量积液　　　　　　　　　　　萎缩

（三）防控要点

1. 疫苗免疫

免疫接种是目前预防 IB 的主要技术措施。活疫苗和灭活疫苗都可以用于 IBV 的免疫接种。活疫苗一般用于雏鸡（肉鸡）的免疫以及种鸡和蛋鸡的局部黏膜保护，灭活疫苗用于强化免疫。

（1）常用弱毒活疫苗。

Mass 型（呼吸型）疫苗：活疫苗使用最多的是 Massachusetts 型疫苗，包括 H120 和 H52，这些疫苗株仅对 M 型相关毒株具有较好的免疫保护效果，而对于其他血清型的毒株保护则必须免疫 2 次以上。H120 毒力较弱，用于雏鸡的首次免疫；H52 毒力较强，多用于雏鸡的二次免疫和成鸡免疫。类似的呼吸型疫苗还有 D41、2886、MA5 和 H94 等。

肾型疫苗：一般包括 Conn（Connecticut）株、Gray 株、Arkansas 株、DE072 和 T 株等疫苗株。我国推荐使用的疫苗 LDT-3、W93 等疫苗，Conn、Ark 等不推荐使用。

793/B 型疫苗：4/91（793/B 和 CR88）血清型疫苗是欧洲 20 世纪 90 年代 IBV 的变异毒株，对于 793/B 和 CR88 型的 IBV 预防效果较好。对中国的 QX-IBV 也有一定的保护作用。

QX 型疫苗：QXL87-IBV 弱毒活疫苗对我国 IBV 流行株具有较好的保护作用。

（2）灭活疫苗。IBV 灭活疫苗主要用于种鸡和蛋鸡的加强免疫。

（3）免疫程序。IB 致病型复杂、血清型多样以及不同血清型之间交叉保护差等，故必须进行 IBV 的流行病学调查，选择与流行株相匹配的疫苗。

一般地区：5~7 天首免；25~30 天二免。对蛋鸡或种鸡，在开产前免疫一次灭活疫苗。

疫区：1 天首免；7~10 天二免；25~30 天三免；开产前和 40 周龄各免疫灭活疫苗 1 次。

注意：IBV 与 NDV 活疫苗免疫应间隔 10 天以上，也可以使用二者之间的联苗。

2. 发病对策

IB 没有特异性治疗方法，可利用合适的抗生素对症治疗，主要是降低继发感染。

（1）综合措施。IB 的发生通常与环境温度较低和通风不良密切相关，良好的环境管理是降低 IBV 发生的重要条件。鸡舍要做好通风换气，防止鸡只过度拥挤，注意保暖，特别要注意防止冷应激。

（2）对症治疗。

呼吸型 IB：以呼吸道症状为主的 IB，早期要控制大肠杆菌、支原体等继发感染，发病期保守对症治疗。大部分抗病毒药物对 IBV 都有作用。采用红霉素或酒石酸吉他霉素按 100~200mg/L 饮水治疗。

肾型 IB：采用中药保守治疗，即通肾利肾疗法。降低饲料中的蛋白含量，停止使用对肾脏损害较大的抗生素。如果出现机体脱水的情况，可添加 2%~4% 葡萄糖；对于肾脏肿大比较严重的，建议利用"肾美舒"。"肾美舒"是一种复合制剂，含有钠、钾等电解多维以及中药制剂。

七、马立克氏病

（一）概述

马立克氏病（Marek's disease，MD）是鸡最常见的淋巴组织增生性疾病，以危害淋巴系统、神经系统等为特征，在上述组织或器官形成单核细胞浸润和肿瘤。该病传染性强，开产前鸡高发，发病鸡死亡率为50%~80%，经济损失巨大。

马立克氏病毒（MDV）属于疱疹病毒科 α 亚群马立克氏病病毒属。成熟的病毒有囊膜，基因组为175kb的线性双股DNA。对外界的抵抗力较强，但多种化学消毒剂对该病毒有效。

（二）诊断要点

1. 流行病学诊断

鸡是主要的自然宿主。1周龄以内的雏鸡最易感。6周龄以上的鸡可出现临床症状，12~24周龄最为严重。水平传播为主，不垂直传播。

2. 临床诊断

潜伏期为4个月，一般发生于2~5月龄，肉鸡可最早在40日龄，发病率5%~10%，严重时可达30%~40%，甚至更高。发病鸡死亡率较高，一般为80%~100%。根据肿瘤发生部位的不同可分为4个型，即神经型、内脏型、眼型和皮肤型。

神经型：病鸡表现为运动障碍、步态失调和瘫鸡。常见腿和翅膀完全或不完全麻痹，一腿向前，一腿向后，呈现为"劈叉"式（图2-7-1）。此外，低头、翅膀下垂，嗉囊因麻痹而扩大等。

内脏型：病鸡表现为极度沉郁、厌食、消瘦，最后衰竭而死。

图2-7-1 马立克氏病病鸡劈叉反应

眼型：视力减退或消失。虹膜失去正常色素，呈同心环状或斑点状。瞳孔边缘不整，严重阶段瞳孔只剩下一个针尖大小的孔（图2-7-2）。

皮肤型：病鸡颈、躯干和腿部毛囊肿大，呈结节状，大小如黄豆（图2-7-3）。

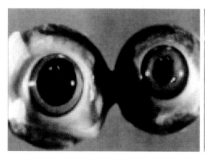

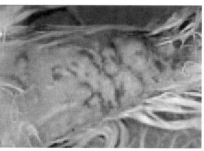

图 2-7-2　马立克氏病病鸡眼睛（左正常，右侧虹膜消失）　　　　图 2-7-3　马立克氏病病鸡皮肤肿瘤

3. 病理学诊断

神经型：多见一侧神经（如腰荐神经、坐骨神经）比正常神经肿、粗 2~3 倍（图 2-7-4）。

内脏型：肝脏（图 2-7-5、图 2-7-6）、脾脏（图 2-7-7）、肾脏等明显肿大，表面散布大小不等的乳白色肿瘤结节（图 2-7-8），肿瘤切面呈油脂状。卵巢肿大，肉样，大者如菜花。腺胃肿大（图 2-7-9），壁厚，黏膜乳头多融合为大的结节（图 2-7-10）。

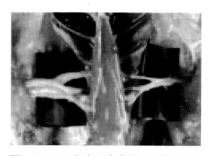

图 2-7-4　马立克氏病病鸡一侧神经肿大

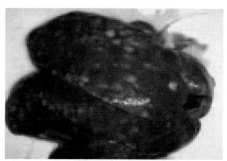

图 2-7-5　马立克氏病病鸡肝脏肿瘤结节　　　　图 2-7-6　马立克氏病病鸡肝脏肿瘤结节

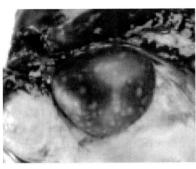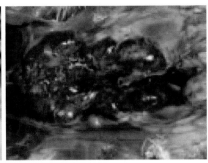

图 2-7-7　马立克氏病病鸡脾脏肿瘤结节 图 2-7-8　马立克氏病病鸡肾脏肿瘤结节

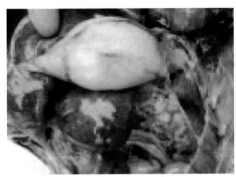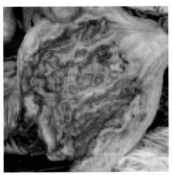

图 2-7-9　马立克氏病病鸡腺胃和脾脏肿大　图 2-7-10　马立克氏病病鸡腺胃乳头糜烂

4. 实验室诊断

琼脂扩散凝集试验常用于该病的血清学诊断。

（三）防控要点

1. 免疫接种

疫苗免疫接种是控制 MD 的关键措施。目前最有效的疫苗是在液氮中保存的人工致弱的 I 型 CVI988/Rispens 株细胞结合疫苗。此外，还有 I 型 CVI988/Rispens 株与 III 型的 HVT 或与 II 型 SB1、Z4 株联合的二价苗。选用的疫苗必须杜绝外源病毒的污染，特别是免疫抑制病原的感染。疫苗接种应在雏鸡出壳 24h 内完成。要严格预防孵化室内的早期感染。育雏室应在进雏前彻底清洗、消毒和熏蒸。同时，在育雏早期最好采取封闭式饲养。

2. 发病对策

无治疗方法。

八、产蛋下降综合征

（一）概述

产蛋下降综合征（EDS76）主要感染产蛋鸡，是由富 AT 腺病毒Ⅲ亚群引起的鸡的一种急性传染病，以产蛋量下降为特征。

腺病毒（Adenoviruses，Ad Vs）是世界家禽和野禽中比较常见的病毒。大多数腺病毒是条件性致病病原。腺病毒科包含 5 个属 38 个种，122 个血清型，种类较多，不同血清型之间缺乏交叉保护。Ⅰ亚群禽腺病毒呈世界性分布，各种日龄阶段的家禽均易感。腺病毒病感染率高，死亡率低。只有少数病毒如减蛋综合征、包涵体肝炎和 4 型腺病毒为致病性病原。禽腺病毒主要由种鸡通过鸡胚垂直传播。利用污染腺病毒鸡胚研制的疫苗也是重要传染源。

（二）诊断要点

1. 流行病学诊断

所有品系的产蛋鸡都能感染。该病既水平传播，又垂直传播。无明显的季节性。产蛋高峰的鸡最易感，尤其是产褐壳蛋的母鸡最易感，而产白壳蛋的母鸡患病率低。

2. 临床诊断

26~32 周龄产蛋鸡群突然产蛋下降，产蛋率比正常下降 20%~50%，无产蛋高峰。病初蛋壳颜色变浅，产畸形蛋，蛋壳粗糙变薄，易破损（图 2-8-1），软壳蛋和无壳蛋约 15%（图 2-8-2）。

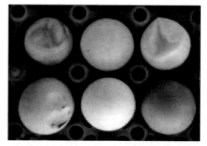

图 2-8-1 减蛋综合征病鸡蛋壳质量下降

病程一般为 4~10 周。食欲较好，死亡较少。

3. 病理学诊断

病鸡卵巢萎缩变小，输卵管黏膜轻度水肿、出血，子宫部分水肿（图 2-8-3）、出血，严重时形成小水疱。卵泡软化、萎缩或卵黄溶解。

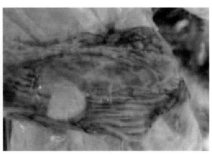

图 2-8-2　减蛋综合征病鸡下软壳蛋　图 2-8-3　减蛋综合征病鸡输卵管水肿和黏液

4. 实验室诊断

病毒分离是该病诊断的"金标准"。血凝抑制试验（HI）是实验室利用血清学技术判定病毒感染最常用的技术手段。

（三）防控要点

1. 免疫接种

16~20 周龄用减蛋综合征（EDS76）灭活苗免疫，一次即可。

2. 发病对策

无有效的治疗方法。一旦鸡群发病，可对症治疗用药，促进鸡群康复。

九、包涵体肝炎

（一）概述

包涵体肝炎主要发生于肉鸡，特征性病变为肝炎。其病原为腺病毒，病原学特征同减蛋综合征。该病毒目前证实有 9~11 个血清型，各种血清型的病毒均能够侵害肝脏。

（二）诊断要点

1. 流行病学诊断

所有品系的鸡都能感染，商品肉鸡最易感。发病多在 3~9 周龄，但以 5 周龄的鸡最多见。该病既水平传播，又垂直传播。

2. 临床诊断

因病鸡表现症状后几个小时内死亡，大多无明显症状，仅见病鸡精神委顿，羽毛蓬松，冠髯和面部皮肤苍白等。鸡群感染后 3~5 天内突然出现成批死亡，5 天后死亡减少，逐渐恢复正常。病程 10~15 天，死亡率可达 10%。

3. 病理学诊断

死亡鸡主要病变为肝炎（图 2-9-1），肝色浅质脆、出血（图 2-9-2），肿大、发黄（图 2-9-3），表面及切面有出血点或出血斑（图 2-9-4），可产生卵黄性腹膜炎（图 2-9-5）、卵泡出血（图 2-9-6）和腹水（图 2-9-7）。骨髓褪色，皮下及骨骼肌出血。脾脏（图 2-9-8）和肾脏肿大。

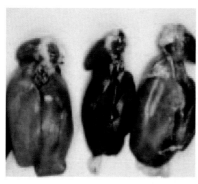

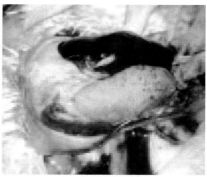

图 2-9-1　包涵体肝炎病鸡和正常鸡　　图 2-9-2　包涵体肝炎病鸡肝脏破裂和
　　　　　（中间）肝脏颜色比较　　　　　　　　　　　　大量出血点

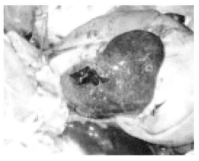

图 2-9-3 包涵体肝炎病鸡肝脏被膜 图 2-9-4 包涵体肝炎病鸡一侧肝脏肿大
出血和肿大

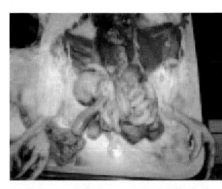
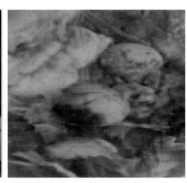

图 2-9-5 包涵体肝炎病鸡卵黄性腹膜炎 图 2-9-6 包涵体肝炎病鸡卵泡出血

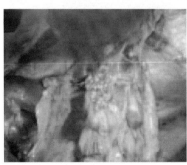

图 2-9-7 包涵体肝炎导致的病鸡 图 2-9-8 包涵体肝炎导致的病鸡脾脏肿大
腹腔腹水

4. 实验室诊断

病原分离是确诊的"金标准"。

（三）防控要点

无特殊治疗药物，缺乏疫苗。应以种群净化、加强管理和生物安全措施为主。

十、心包积液综合征

（一）概述

心包积液综合征主要感染 3~5 周龄的雏鸡，是一种由 I 群 4 型禽腺病毒引起的鸡的急性传染病，以心包积液为重要特征。其病原学特征同减蛋综合征。

（二）诊断要点

1. 流行病学诊断

发病鸡群主要为地方品种鸡、三黄鸡及白羽肉鸡，发病鸡群死亡率 30%~80%。该病既水平传播，又垂直传播。无明显的季节性。

2. 临床诊断

大多无明显症状，仅见病鸡精神委顿，羽毛蓬松，冠髯、面部皮肤苍白和腹腔肿胀（图2-10-1）等；鸡冠呈暗紫色；病鸡呼吸困难。

3. 病理学诊断

特征性症状是心包腔中有淡黄色、清亮的积液（图2-10-2、图2-10-3）。肝脏肿胀（图2-10-4），

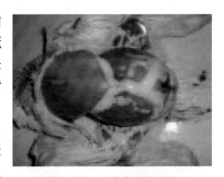

图 2-10-1　病鸡腹腔肿大

脂肪变性和有出血点。肾脏肿大，尿酸盐沉积或发生实质性变性（图2-10-5）。

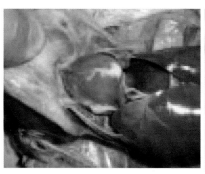

图 2-10-2　病鸡心包积液　　　图 2-10-3　病鸡腹腔大量黄色胶冻样
　　　　　　　　　　　　　　　　　　　　　　分泌物

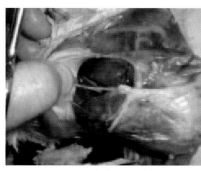
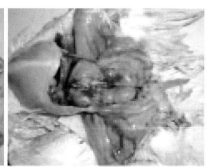

图 2-10-4　病鸡肝脏肿胀　　　图 2-10-5　病鸡肾脏肿大和实质变性

4. 实验室诊断

以心包积液和肝脏细胞内发现包涵体为实验室诊断特征。确诊应进行病原分离和血清学以及分子病原学诊断等实验室诊断。

（三）防控要点

无特殊治疗药物。国外（墨西哥、印度和巴基斯坦）已有特定型的灭活疫苗（I 群 4 型腺病毒）问世。应以种群净化、合理密度、良好的日常管理和生物安全等措施为主，减少应激和增加通风。一旦发病，可对症用药，降低死亡率。

十一、禽白血病

(一) 概述

禽白血病是禽类多种肿瘤性疾病的总称，具有亚临床、垂直传播、免疫抑制等特点。以病禽血细胞和血母细胞失去控制而大量增殖，全身多器官发生良性或恶性肿瘤，导致鸡群生长发育迟缓、免疫抑制等，最终导致死亡或失去生产能力，严重影响生产性能。

禽白血病病毒（Avian leucosis virus，ALV）属于反转录病毒科，有囊膜，基因组为两条完全相同的单股正链 RNA，长度为 7~8kb。根据囊膜蛋白抗原性的不同，将 ALV 分为 A、B、C、D、E、J 等亚群。该类病毒在环境中抵抗力不强，多种消毒剂有效。

(二) 诊断要点

1. 流行病学诊断

鸡是 ALV 的自然宿主。ALV 主要由种鸡通过种蛋垂直传播，即祖代场直接传给父母代及商品代，且逐代放大。经垂直传播的雏鸡出壳后，最容易与其他雏鸡接触，造成严重的横向传播。被 ALV 污染的弱毒疫苗也是重要的传播途径。ALV 对鸡群的感染具有明显的日龄依赖性，以 7 日龄以内的雏鸡易感性最高，特别是刚出壳的雏鸡。绝大多数鸡群鸡白血病肿瘤发病的高峰都在性成熟后的开产前后。一旦发病，即造成死亡，发病率在 5%~20%，死亡率在 1%~2%。

2. 临床诊断

潜伏期较长，通常零星发生，呈亚临床状态。多数鸡生长缓慢、免疫功能下降、产蛋下降等。多数没有特征性的临床病变。

临床上最常见的有淋巴细胞白血病、骨的硬化病和血管肿瘤等。

淋巴细胞白血病：消瘦，精神沉郁，冠和肉髯苍白萎缩或暗红。腹泻，拉绿色粪便，腹部膨大，站立不稳，呈企鹅状。

骨的硬化病：一般在 2~3 月龄后发病，公鸡比母鸡发病率高。患病鸡跖骨中段增生膨大变粗，似"穿长靴"样外观。

血管肿瘤：病鸡冠呈黄白色，在鸡头部（图2-11-1）、翅、胸、颈、冠、趾等部位的皮下形成隆起于皮肤表面的小豆至小指头肚大的小血疱（图2-11-2、图2-11-3）。一旦血疱破裂出血，则血流不止，直至死亡。

图2-11-1　禽白血病病鸡脸部肿瘤

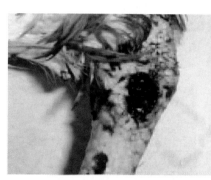

图2-11-2　禽白血病病鸡腿血管瘤

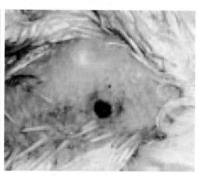

图2-11-3　白血病病鸡皮肤血管肿瘤

3. 病理学诊断

淋巴细胞白血病：肿瘤病变几乎波及鸡体内的所有内脏器官。以肝脏（图2-11-4至图2-11-6）、脾脏（图2-11-7）、肾脏（图2-11-8）、腺胃（图2-11-9）和腔上囊最为常见。其次是心脏、肺、卵巢、胰腺等。肿瘤呈白色到灰白色，多数为弥漫型，也有结节型，大小不一，从黄豆大小到指头肚大小

图2-11-4　禽白血病病鸡肝脏
弥散性肿胀

（图2-11-10至图2-11-12）。特别是肝脏极度肿大，可覆盖整个腹腔，

故称"大肝病"。

图 2-11-5　禽白血病病鸡肝脏弥散性
　　　　　肿胀和血瘤

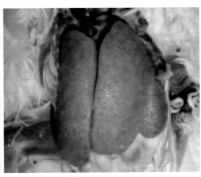

图 2-11-6　禽白血病病鸡肝脏弥散性
　　　　　肿瘤

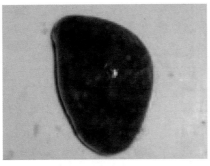

图 2-11-7　禽白血病病鸡脾脏肿瘤

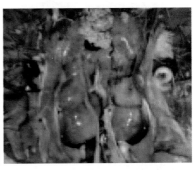

图 2-11-8　禽白血病病鸡肾脏肿瘤

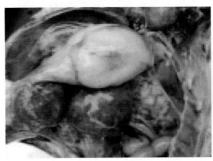

图 2-11-9　禽白血病病鸡腺胃和脾脏肿胀

图 2-11-10　禽白血病病鸡胸部肌肉
　　　　　　肿瘤

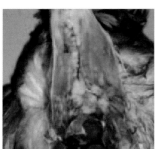

图 2-11-11　禽白血病病鸡胸　　图 2-11-12　禽白血病病鸡肠道肿瘤
　　　　　　骨肿瘤

　　血管肿瘤：在皮肤、皮下组织、胸腹气囊、肌膜、肌肉、骨髓、眼睛、心脏、肺脏、肝脏、脾脏、胃、肾脏（图 2-11-13）、输卵管、子宫、肠系膜（图 2-11-14）等内脏器官表面以及眼结膜可见1~15mm 大的单发或密发的血疱，胸腔、腹腔内有血凝块。

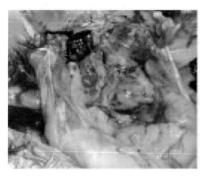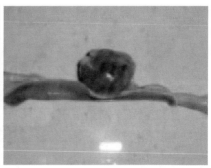

图 2-11-13　禽白血病病鸡肾脏血管瘤　　图 2-11-14　禽白血病病鸡肠道血管瘤

4. 实验室诊断

确诊必须进行病原分离和血清学等实验室诊断。

（三）防控要点

无有效疫苗预防禽白血病。控制该病的重点是做好综合性预防和控制措施。

（1）对原种场、祖代场、父母代场等种鸡群的禽淋巴白血病进行净化。

（2）采取"全进全出"的饲养方式和"封闭式饲养"制度，强化生物安全措施。一个场只养一批鸡，一个品种，避免横向传播。

（3）做好早期雏鸡的隔离、管理和消毒。

（4）严格控制弱毒活疫苗的质量，杜绝外来病原污染。

（5）一旦发病，无法利用药物治疗，必须淘汰。

十二、鸡 痘

（一）概述

鸡痘（Fowl pox，FP）是在家禽（鸡和火鸡）、观赏鸟和野生鸟类中常见的一种缓慢传播的、接触性传染病。

FPV 属于痘病毒科（Poxviridae）禽痘病毒属，由一群结构复杂的双链 DNA 病毒组成，是动物病毒中体积最大、种类较多的病毒，有囊膜，对干燥具有较强的抵抗力。该病毒对多种消毒药物有效。

（二）诊断要点

1. 流行病学诊断

鸡痘对不同日龄、性别和品种的鸡类均可感染，以大冠品种鸡的易感性较高。通过受损伤的皮肤、黏膜和蚊子、蝇和其他吸血昆虫等的叮咬传播，不垂直传播。夏、秋等蚊虫流行季节高发。

2. 临床诊断

潜伏期为 4~10 天，逐渐发病。病程 2~3 周，成年鸡患病影响产蛋。

皮肤型：在鸡冠、肉垂、眼睑、嘴角（图 2-12-1）等无毛或少毛部位可见到处于不同时期的病灶。常在感染后 5~6 天出现灰白色的小丘疹，8~10 天成暗色斑疹，然后成为痂皮。3 周后痂皮脱落出现破溃的皮肤（图 2-12-2）。

 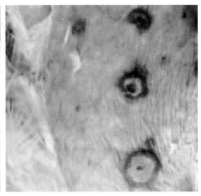

图 2-12-1　鸡痘病鸡冠皮肤结痂　　图 2-12-2　鸡痘病鸡皮肤无毛处结痂

黏膜型：可在喉头（图 2-12-3）和气管黏膜处出现黄白色痘状结节（图 2-12-4、图 2-12-5）或干酪样物假膜，不易剥离，常引起呼吸、吞咽困难，甚至阻塞口腔和咽喉，导致病鸡窒息而死。

3. 病理学诊断

内脏器官病变不典型。

4. 实验室诊断

根据流行病学和临床症状很容易判定。如要分离病毒可采用绒毛尿囊膜接种途径，死亡的鸡胚绒毛尿囊膜产生痘癍（图 2-12-6）。

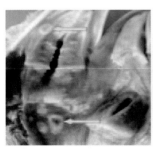 

图 2-12-3　鸡痘喉头黏膜　　　　图 2-12-4　鸡痘气管黏膜痘癍
　　　　　　痘癍

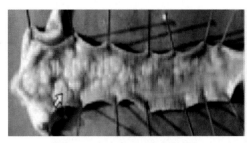
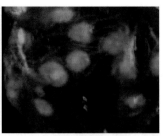

图 2-12-5　鸡痘气管黏膜痘癍　　图 2-12-6　鸡痘病毒在鸡胚绒毛尿囊膜出现痘癍

（三）防控要点

1. 免疫接种

鸡痘主要依赖于细胞免疫，体液免疫较弱。因此，成功的疫苗接种只需要 1 次即可。应根据各地情况在蚊虫滋生季节前，做好免疫接种。首次免疫多在 10~20 日龄，二次免疫在开产前进行。注意，鸡痘疫苗只有皮肤刺种才能有效，饮水则无效。

疫苗接种后 7~10 天可对疫苗免疫效果进行评价，检查接种部位是否发生肿胀和结痂，结痂率应达到 90%。如不结痂，则必须重新接种。

蚊子是本病的主要传播媒介，鸡舍做好灭蚊工作是饲养管理的"重中之重"。

2. 发病对策

无针对鸡痘的特效药。发生鸡痘时，应立即隔离病鸡，轻者可对症治疗，重者淘汰并无害化处理。为防控并发症，可投喂如阿莫西林、恩诺沙星等抗生素，连续用 1 周。同时，饮水中加维生素 C、维生素 A、鱼肝油等辅助治疗。

十三、病毒性关节炎

（一）概述

病毒性关节炎（Viral arthritis，VA）又称病毒性腱鞘炎，是一种主要发生于 2~16 周龄肉鸡群的传染病，以腿部关节肿胀、腱鞘发炎、腓肠肌腱断裂，运动和生长发育障碍为特征，可导致饲料利用率下降和淘汰率增高。

病毒性关节炎的病原是禽呼肠孤病毒（Avian reovirus，ARV），病毒基因组为 RNA，无囊膜，对物理化学因子的抵抗力较强。该病毒在致病性和抗原性上差异较大，该病原有 10 多个血清型，不同血清型之间抗原性有差异。

（二）诊断要点

1. 流行病学诊断

鸡是唯一认可被病毒性关节炎感染并发病的天然宿主。5~7 周龄的鸡易感，肉鸡比蛋鸡发病率高。该病毒在鸡场十分普遍，主要依靠污染的粪便横向水平传播，也可垂直传播。发病率可达 100%，死亡率约在 5%。一年四季均可发生。

2. 临床诊断

多在感染后 3~4 周发病，瘫鸡（图 2-13-1）。病初跗关节肿胀，腱鞘变粗，常蹲伏（图 2-13-2），驱赶时才跳动。病鸡小腿肿胀、增粗（图 2-13-3），脚垫肿胀（图 2-13-4）。当肌腱断裂时，趾屈曲，跛行。同时，鸡群生长缓慢，诱发免疫抑制，细菌继发感染增高。

图 2-13-1　鸡舍围中的小栏发病瘫鸡

图 2-13-2　病毒性关节炎病鸡站立困难

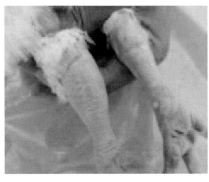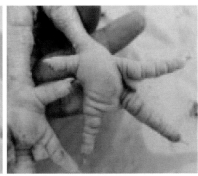

图 2-13-3　病毒性关节炎病鸡跗关节　　图 2-13-4　病毒性关节炎病鸡脚垫肿胀
　　　　　　 肿胀

　　种鸡及蛋鸡感染后，产蛋率下降 10%~15%，种鸡受精率下降，病程在 1~4 周。

3. 病理学诊断

　　病 / 死鸡剖检时可见关节囊及腱鞘水肿、充血或出血，以损害关节滑膜、腱鞘和心肌为发病特征。严重病例可见肌腱断裂（图2-13-5）或股骨头坏死（图2-13-6）。慢性型可见腱鞘粘连、硬化、软骨上出现点状溃疡、糜烂、坏死，骨膜增生，使骨干增厚。

图 2-13-5　病毒性关节炎　　　图 2-13-6　病毒性关节炎病鸡股骨头坏死
　　　　　 病鸡肌腱断裂

4. 实验室诊断

确诊必须进行病原分离和血清学试验（如琼脂扩散试验、酶联免疫吸附试验、中和试验等）等实验室诊断。

（三）防控要点

1. 免疫接种

该病毒对理化因子和常规的消毒剂具有较强的抵抗力，很难对鸡场进行彻底的净化。对病毒性关节炎的预防和治疗主要依赖免疫和生物安全等综合性防疫措施。

对于种鸡群，一般在 1~7 日龄、4 周龄时各接种 1 次多价弱毒疫苗，在开产前接种 1 次灭活疫苗。对于肉鸡群，在 1 日龄以多价弱毒疫苗接种 1 次即可。

无母源抗体的雏鸡，可在 6~8 日龄用活苗首免，8 周龄时再用活苗来加强免疫，在开产前 2~3 周注射病毒性关节炎多价灭活苗。

2. 发病对策

一旦发病，尚无有效药物进行治疗。只有淘汰发病鸡，对鸡舍进行彻底清洗，并采用碱溶液（3%NaOH）、0.5% 碘制剂等进行消毒，防止进一步的水平传播。

采取"全进全出"的饲养方式，每批鸡淘汰后都要用碱液或有机碘消毒剂彻底消毒鸡舍，并利用福尔马林和高锰酸钾进行熏蒸，以消灭环境中的病毒。此外，严禁从有本病的鸡场引入鸡苗和种蛋。选用疫苗应避免污染。

十四、禽脑脊髓炎

（一）概述

禽脑脊髓炎（Avian encephalomyelitis，AE）又称流行性震颤，是由病毒引起的一种以主要侵害幼禽中枢神经系统为特征的急性、高度接触性传染病。

禽脑脊髓炎病毒（Avian encephalomyelitis virus，AEV）为 RNA

病毒，属于小 RNA 病毒科肠道病毒属，无囊膜，表面无纤突。AEV对有机溶剂如氯仿、乙醚有抵抗力。很难利用消毒剂将其完全灭活。

（二）诊断要点

1. 流行病学诊断

各种日龄鸡均可感染，只有 1 月龄内的雏鸡呈现病症。产蛋鸡可出现一过性产蛋下降。该病毒可经蛋垂直传播，也可经消化道水平传播。病禽和带毒的种蛋是主要传染源。

2. 临床诊断

潜伏期 1~7 天。典型症状多见于雏鸡，病雏眼神呆滞，头颈震颤（图 2-14-1），共济失调或完全瘫痪，后期衰竭卧地（图 2-14-2），被驱赶时摇摆不定或以翅膀扑地。大于1月龄鸡感染后很少表现临床症状。产蛋鸡和种鸡感染均出现一过性产蛋下降。种鸡感染后2~3周内所产种蛋均带有病毒，孵化率降低（下降幅度为5%~20%），孵化出的苗鸡出现病症，此过程可持续3~5周。该病发病率40%~80%，死亡率一般为10%~20%，最高可达50%。

图 2-14-1　禽脑脊髓炎发病鸡　　图 2-14-2　禽脑脊髓炎发病鸡瘫痪和站立
站立不稳和头颈震颤　　　　　　　不稳

3. 病理学诊断

病 / 死雏鸡通常看不到显著的剖检病变。有时可见，病雏鸡脑组织变软，在大小脑表面有针尖大的出血点（图 2-14-3）。肌胃壁有灰白色坏死（图 2-14-4）。

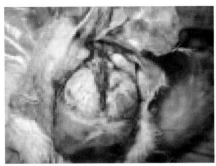
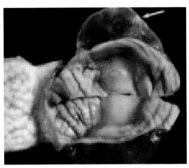

图 2-14-3 禽脑脊髓炎病鸡脑部出血　　图 2-14-4 禽脑脊髓炎病鸡肌胃壁灰白色坏死

4. 实验室诊断

根据本病的流行规律和特点，结合临床症状和病理组织学的特征性变化即可作出初步诊断。确诊应进行病原分离和血清学诊断（如琼脂扩散试验、酶联免疫吸附试验等）等实验室诊断。利用卵黄囊途径将病原接种 5~6 日龄 SPF 鸡胚，可产生特征性肌肉萎缩鸡胚病变（图 2-14-5）。多数鸡胚肝脏呈斑斓肝（图 2-14-6）。接种胚可以出壳，可出现典型的头颈震颤、共济失调等 AE 典型症状。

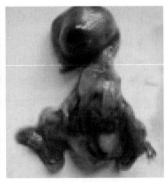

图 2-14-5 禽脑脊髓炎鸡胚病变（左为发病胚，右为对照）　　图 2-14-6 禽脑脊髓炎鸡胚斑斓肝病变

（三）防控要点

1. 免疫程序

本病尚无有效的治疗方法，疫苗接种是预防该病的重要途径。

疫苗分为弱毒活疫苗和灭活疫苗。活疫苗分为两种，一种是 1 143 株，另一种是与鸡痘二联疫苗。疫苗免疫保护期一年，母源抗体可保护子代雏鸡不感染。灭活疫苗适合于开产前的种鸡群免疫。

2. 发病对策

雏鸡一旦发现本病，凡出现症状的雏鸡应立刻挑出淘汰，焚烧或到远处深埋，以减轻同群感染。如发病率高，可考虑全群淘汰，彻底消毒，重新进鸡。对感染本病的种鸡群，立即用 0.2% 过氧乙酸与 0.2% 次氯酸钠，交替带鸡喷雾消毒。产蛋下降期所产的蛋不能作为种蛋使用，自产蛋下降之日算起，在 1 个月左右，种蛋只可作商品蛋处理，不可用于孵化，产蛋量恢复后所产的蛋应在严格消毒后孵化。对发病雏鸡可使用抗生素控制继发感染，维生素 E、维生素 B 等的使用可保护神经和改善临床症状。

十五、鸡传染性贫血

（一）概述

鸡传染性贫血（Chicken infectious anemia，CIA）又称出血性综合征、贫血皮炎和蓝翅病，是一种以再生障碍性贫血和全身淋巴组织萎缩为主要特征的传染病。

鸡传染性贫血病毒（Chicken infectious anemia virus，CIAV）属于圆环病毒科，圆环病毒属，无囊膜，基因组为长度约为 2.3kb 的单股环状 DNA。该病毒对多种理化因子的抵抗力很强，自然状态下，在鸡场可存活很长时间，多种消毒药短时间内不能将其完全灭活。

（二）诊断要点

1. 流行病学诊断

鸡是其唯一的自然宿主，不同日龄的鸡均可感染。易感性随日龄的增长而急剧下降，肉鸡比蛋鸡易感。自然感染多见于2~4周龄的雏鸡。成年鸡感染多呈隐性。一旦鸡群中出现感染，最终几乎所有鸡都会先后感染。自然感染的发病率为20%~30%，死亡率为5%~10%。该病既水平传播，又垂直传播。

2. 临床诊断

感染鸡精神萎靡，消瘦、苍白（图2-15-1）、软弱和无力等。全身性肌肉苍白（图2-15-2）、出血（图2-15-3）或头颈皮下出血、水肿。血稀如水，血凝时间长，颜色变浅，血细胞比容值下降，红细胞、白细胞数显著减少。病鸡表现为贫血和翅膀下出血，又称"蓝翅病"（图2-15-4）。死亡高峰发生在出现临床症状后的5~6天，其后逐渐下降，5~6天后恢复正常。第一次死亡高峰过后，往往会出现第二次死亡高峰。该病具有免疫抑制作用，很容易出现细菌的继发感染。

图2-15-1 传染性贫血病鸡腿苍白

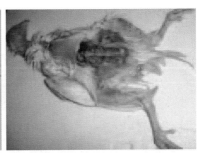

图2-15-2 传染性贫血病鸡肌肉苍白

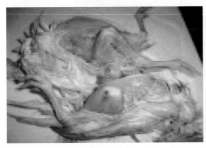

图2-15-3 传染性贫血病鸡肌肉出血

图2-15-4 传染性贫血病鸡翅膀出血
（蓝翅病）

3. 病理学诊断

病死鸡常见有胸腺萎缩，甚至完全退化，呈深红褐色(图2-15-5)。特征性的病变是骨质脆（图2-15-6），骨髓萎缩，呈脂肪色、淡黄色或淡红色（图2-15-7）以及心脏外膜出血（图2-15-8）。法氏囊萎缩，体积缩小，外观呈半透明状。

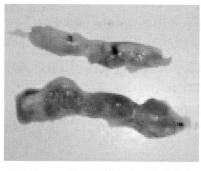

图2-15-5　传染性贫血病鸡胸腺出血　　图2-15-6　传染性贫血病鸡骨质脆，
　　　　　　和萎缩　　　　　　　　　　　　　　　　骨髓变浅

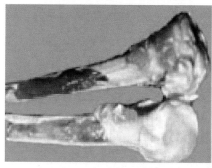
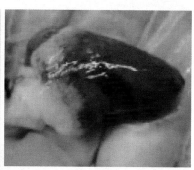

图2-15-7　传染性贫血病鸡骨髓颜色变浅　图2-15-8　传染性贫血病鸡心脏
　　　　（上为正常，下为病鸡）　　　　　　　　　外膜出血

4. 实验室诊断

病原分离困难，血清学抗体检测并不能说明鸡群感染和发病的关系。分子病原学和核酸探针常常用于对该病原的诊断。

（三）防控要点

无治疗药物。该病毒在我国鸡场普遍存在，很难将其清除，且对多种理化因子和消毒剂的抵抗力较强，净化该病比较困难。应采取生物安全措施进行综合防控，特别是做好种源控制。在国外，已有弱毒疫苗推广应用，可在开产前免疫12周龄以上的种鸡，通过母源抗体为雏鸡提供被动免疫力，但在我国尚未注册上市。

十六、禽网状内皮增生病

（一）概述

禽网状内皮增生病（Reticuloendotheliosis，RE）是一种由病毒（REV）引起，以禽类（鸡、鸭和野鸡等）免疫抑制、致死性网状内皮瘤、矮小综合征和慢性肿瘤为特征的疫病。

禽网状内皮增生病毒（Reticuloendotheliosis virus，REV）属反转录病毒科禽 C 型病毒属中的 RNA 病毒，基因组为 RNA，有囊膜。该病毒在自然环境中抵抗力很弱，多种消毒剂有效。

（二）诊断要点

1. 流行病学诊断

大多数家禽可以感染，在鸡群中多为散发。本病既可以水平传播，又可经蛋由种鸡垂直传播给下一代雏鸡。禽用疫苗的 REV 污染是该病传播的重要途径。

2. 临床诊断

发生矮小综合征的鸡群，可出现明显的发育受阻，比未感染的鸡小很多且苍白。生长发育障碍，个体瘦小，病鸡羽毛发育不整齐（图 2-16-1）和发育不良（图 2-16-2），而饲料消耗量不减少。饲养场的肉鸡很少死亡，但淘汰率很高，有时在生产结束时达到全群的一半。发生该病的鸡群常常有使用污染 REV 疫苗的历史。

在我国，REV 的感染在大多数情况下均表现为与马立克氏病毒、禽白血病病毒和鸡传染性贫血病毒等的共感染。

图 2-16-1 网状内皮增生病病鸡羽毛　　图 2-16-2 网状内皮增生病病鸡羽毛
　　　　　发育不整齐　　　　　　　　　　　　发育不良

3. 病理学诊断

可见腺胃炎、肠炎、贫血、肝脏和脾脏坏死。胸腺和法氏囊萎缩。最典型的病鸡是肝脏肿大并呈苍白或大理石样（图 2-16-3）和发生肿瘤（图 2-16-4）。在脾脏、胸腺、生殖腺、胰腺、肾脏、肠道、肺和心脏观察到灰白色的肿瘤病灶。在肿瘤中发现淋巴细胞、网状细胞和浆细胞。慢性肿瘤出现较晚，一般在17~43周发病。

 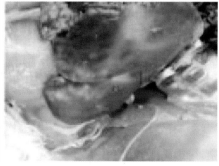

图 2-16-3 网状内皮增生病病鸡　　图 2-16-4 网状内皮增生病病鸡肝脏肿瘤
　　　　　肝脏肿大

4. 实验室诊断

病毒分离到 REV 是最可靠的诊断方法。常常利用单克隆抗体或核酸探针等进行辅助性血清学诊断。

（三）防控要点

没有疫苗可以预防。加强生物安全措施，确保家禽疫苗全部 SPF 化，避免弱毒疫苗中 REV 的污染。

十七、鸡大肝大脾病

（一）概述

鸡大肝大脾病（Big liver and spleen disease，BLS）是一种由病毒引起，以鸡肝脏和脾脏肿大为特征，主要导致 30~70 周龄蛋鸡和肉种鸡的产蛋下降（20%~40%）和死淘率增高（1%~2%）的疫病。

禽戊型肝炎病毒（Chicken hepatitis，HEV）是该病病原，属于戊肝病毒科戊肝病毒属，与人和猪的戊肝病毒在基因组和抗原性上有显著的相关性，但该病毒不感染人。无囊膜，对乙醚、氯仿有抵抗力。

（二）诊断要点

1. 流行病学诊断

鸡是感染 HEV 的唯一宿主，不同日龄均可感染，但以产蛋鸡发病率较高，尤以白羽肉鸡发病率最高。该病原目前尚不能在细胞培养物上培养。戊型肝炎主要经污染的粪便传播，垂直传播的能力不强。发病率和死亡率均不高，在生产上单纯因戊型肝炎引起的损失不大，一旦混合感染则损失严重。

2. 临床诊断

该病的临床症状是非特异性的，包括厌食、抑郁、鸡冠和肉垂苍白以及肛门污浊。发病鸡通常腹部红肿，卵巢退化等。死于肝、脾肿大的鸡可能除了鸡冠和肉垂苍白，一般身体状况良好。该病可导致鸡群开产延迟，且达不到产蛋高峰，产蛋率可下降 10%~20%，同时伴有死亡率升高，最高死亡率每周可达 1%，持续 3~4 周。

3. 病理学诊断

病 / 死鸡在腹腔内部有红色液体或凝固的血液（图 2-17-1）。

肝脏肿大且病变复杂，有的肝脏呈点状出血（图2-17-2），有的肝脏色泽变淡类似增生性肿瘤（图2-17-3），有的肝脏产生类似细菌感染时的炎性病变。脾脏肿大（图2-17-4），被膜上可见到白色的结节。卵泡充血（图2-17-5）。肌肉脂肪有出血点（图2-17-6）。腺胃肿大，质硬，腺胃乳头结构模糊，有白色分泌物（图2-17-7）。

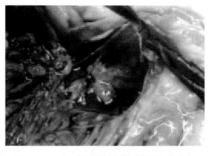

图 2-17-1　戊型肝炎病鸡腹腔内有红色渗出物

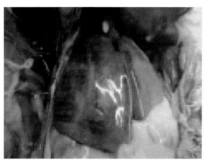

图 2-17-2　戊型肝炎病鸡肝脏肿大和点状出血

图 2-17-3　戊型肝炎病鸡肝脏肿大和胆囊充盈

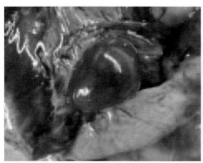

图 2-17-4　戊型肝炎病鸡脾脏肿大

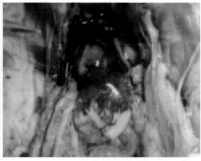

图 2-17-5　戊型肝炎病鸡卵泡充血

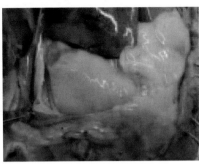 

图 2-17-6　戊型肝炎病鸡脂肪有出血点　　图 2-17-7　戊型肝炎病鸡腺胃乳头白色分泌物

4. 实验室诊断

目前缺乏 HEV 分离的实验室培养系统，病毒分离比较困难。通常采用分子核酸技术进行该病的诊断。

（三）防控要点

无有效药物可以治疗，无疫苗可用。

第三章

细菌性疾病

一、大肠杆菌病

（一）概述

大肠杆菌病是由禽致病性大肠杆菌（APEC）引起的局部或全身性感染的疾病，可通过呼吸道、消化道、生殖道等多种途径感染。大肠杆菌在哺乳动物主要引起肠道疾病，而在禽类，常常会引起典型的继发性局部或全身性感染。该病是养禽业最广泛存在的感染性细菌病，居细菌性疾病之首。

大肠杆菌（*Escherichia coli*）为革兰氏阴性菌杆，在麦康凯培养基上生长良好，且形成红色菌落。根据大肠杆菌的 O 抗原、K 抗原、H 抗原等，可将本菌分为诸多血清型。目前已知大肠杆菌的 O 抗原170 多种，K 抗原103 种，H 抗原60 多种，它们的不同组合构成了纷繁复杂的大肠杆菌抗原型。与我国禽病相关的大肠杆菌血清型有50 余种，最常见的血清型是 O_1、O_2、O_{35} 和 O_{78}。

（二）诊断要点

1. 流行病学诊断

大肠杆菌在鸡场无处不在，大多为条件性致病菌，在病毒感染、毒素中毒、免疫抑制、通风较差、水源污染等情况下，很容易发生继发感染，并呈现明显的症状和病症。不同日龄、各个品种的鸡均可发病。商品肉鸡的发病率较高。

该病一年四季均可发生。该病主要经消化道、呼吸道和生殖道

（人工授精等）等水平传播，也可经种蛋垂直传播。病鸡或带菌鸡是主要传染源。

2. 临床诊断

大肠杆菌大多数为继发感染，无特征性症状。常常表现为一些非特征性的症状，如呼吸道症候，急性败血症、局部感染或在面部、眼部出现水肿型肿胀等。

3. 病理学诊断

（1）急性败血病。败血症特征性症状是心包炎。最初病鸡心包中的渗出物是液态的，但它逐渐变为干酪样，颜色由黄（图3-1-1）到白（图3-1-2），然后，心包粘在心外膜上，导致心包内外均充满纤维素性渗出物，严重者心包膜与心外膜粘连，心脏功能衰竭。同时引发纤维素样肝周炎（图3-1-3、图3-1-4）、脾脏肿大、充血（图3-1-5）。肠道出血（图3-1-6），严重时，在肠系膜上也出现纤维素性分泌物而使肠发生粘连（图3-1-7）。

图3-1-1　大肠杆菌病鸡心包炎（黄色干酪样物）

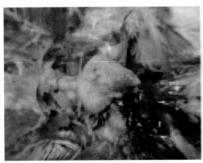

图3-1-2　大肠杆菌病鸡心包炎（白色纤维素性干酪样物）

图3-1-3　大肠杆菌病鸡肝周炎和心包炎

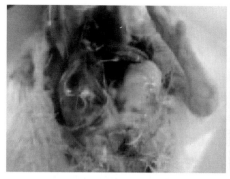

图 3-1-4　大肠杆菌病鸡肝周炎

图 3-1-5　大肠杆菌病鸡脾脏肿大

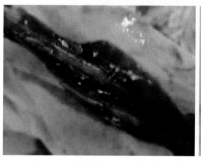

图 3-1-6　大肠杆菌病鸡肠道黏膜出血

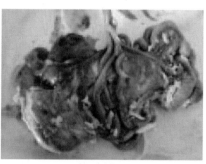

图 3-1-7　大肠杆菌病鸡肠系膜粘连

（2）局部感染。如果大肠杆菌未被完全控制住，它以在机体保护力较弱的部位，如大脑、眼部、滑膜组织（关节、腱鞘、胸骨）以及骨等组织局部存在，并产生相应的炎性病症，如关节炎、脑炎、肉芽肿、眼球炎（图3-1-8）等。

图 3-1-8　大肠杆菌病鸡眼球炎

（3）输卵管炎／卵黄性腹膜炎。多发生于产蛋母鸡，多是卵黄落入体腔内所产生的轻度弥漫性炎症。剖检可见腹腔内充满腥臭的液体或破裂的卵黄，脏器表面覆盖着一层淡黄色、凝固的纤维性渗出物。卵泡变性、呈灰色、褐色或酱色等，卵黄性腹膜炎（图3-1-9）。

（4）脐炎（卵黄囊）感染。脐部肿胀发炎（图3-1-10），卵黄吸收不良，卵黄膜变薄，呈黄泥水样或混有干酪样物。

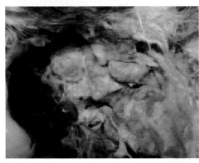 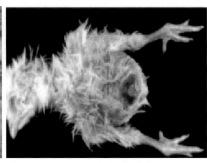

图 3-1-9　大肠杆菌病鸡卵黄性腹膜炎　　图 3-1-10　大肠杆菌病鸡脐带炎

（5）肿头综合征。肿头综合征（SHS）通常是鸡头部皮下组织及眼眶发生急性或亚急性蜂窝织炎，头部肿胀（图3-1-11）。剖检可以看到典型的头部和眼眶周围炎症。

（6）呼吸道感染。主要是气囊炎，表现为气囊浑浊增厚，有干酪样物（图3-1-12）。

图 3-1-11　大肠杆菌病鸡头部肿胀　　图 3-1-12　大肠杆菌病鸡气囊炎

（7）蜂窝织炎。主要发生于肉鸡，通常发生在病鸡的腹部或大腿和中线之间的皮下组织（图3-1-13），呈蜂窝织炎（图3-1-14）。

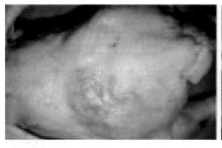 

图 3-1-13　大肠杆菌病鸡蜂窝织炎　　　图 3-1-14　大肠杆菌病鸡蜂窝织炎

4. 实验室诊断

通过常规的细菌分离技术，结合选择性培养基，很容易鉴别出大肠杆菌。由于大肠杆菌病常与某些血清型有关，有条件时，可对血清型进行鉴定。如果要做抗生素敏感性试验，至少要挑选5个不同来源的鸡，否则，不一定具有代表性。

（三）防控要点

1. 预防为主，降低应激

大肠杆菌病的防控重点首先是要改善环境，特别是加强粪便、饮水等的消毒管理，合理控制鸡舍的温湿度和通风管理，密度合理，避免温度忽高忽低，最大限度减少粉尘和各种应激因素等。消毒是控制大肠杆菌污染的重要手段。消毒、卫生和清洁贯穿于饲养的每一个环节。此外，药物和疫苗接种也是控制大肠杆菌病的重要手段。

2. 疫苗预防

在药物控制效果不佳，疾病高发区可使用大肠杆菌多价灭活疫苗。多价疫苗多采用 O_{78}、O_2、O_{35} 及 O_1 等流行菌株。

免疫程序：4周龄和18周龄两次免疫。

3. 合理使用药物

（1）用药原则。一是应分离细菌进行药敏试验，选择有效药物；

二是，定期更换用药或几种药物交替使用；三是，与支原体等混合感染治疗时须同时兼顾；四是，使用微生态、益生素、益生元、酶、维生素等辅助治疗；五是，最重要的是要使用食品安全规定的药物。

（2）常用药物。

注射用头孢噻呋纳，以头孢噻呋计，皮下注射 1 日龄雏鸡，每羽 0.1mg。头孢噻呋纳口服吸收效果不佳。

10% 氟苯尼考粉按饲料 50~100mg/kg，混饲 3~5 天。

2% 盐酸或乳酸环丙沙星按 25~50mg/L 饮水，连用 3~5 天。

庆大霉素按体重 1 万 ~2 万 IU/kg 肌内注射，2 次 / 天，连用 3 天。

硫酸卡那霉素按体重 1 500IU/kg 肌内注射，2 次 / 天，连用 3 天。

头孢噻呋与舒巴坦钠联合用药，可提高治疗效果。

二、鸡沙门氏菌病

（一）概述

禽沙门氏菌病（Avian salmonellosis）是由多种沙门氏菌引起的禽类的急性或慢性疾病的总称。依据沙门氏菌菌株的不同可分为鸡白痢、禽伤寒和禽副伤寒三大类。

沙门氏菌属（*Salmonella*）是肠杆菌科下的一类血清学相关的革兰氏阴性杆菌。不形成芽孢。根据其菌体 O 和鞭毛 H 的不同组合，可分为近 3 000 个血清型，且只有少数对禽类和人有害。鸡白痢沙门氏菌和禽伤寒沙门氏菌均为革兰氏阴性、兼性厌氧菌。副伤寒沙门氏菌是指除了鸡白痢和禽伤寒以外的沙门氏菌。该菌以鼠伤寒、肠炎等沙门氏菌为主，其自然宿主主要是多种温血和冷血动物，是食品安全的重要隐患，具有重要的公共卫生意义。该菌对热敏感，不同的消毒剂均有效。

（二）诊断要点

1. 流行病学诊断

本病主要发生于鸡和火鸡。各种日龄鸡均可感染，但以 2~3 周内雏鸡的发病率和死亡率最高。病鸡、隐性感染鸡以及被病原污染的物品和环境均是传染源。雏鸡感染恢复后，体内可以长期带菌，成鸡感染后也能长期带菌。感染母鸡是主要传染源。传播途径主要包括水平传播和垂直传播两种方式。垂直传播是主要途径，带菌鸡产出的受精卵约有30%被本菌污染，在传播中起主要作用。若以此为种蛋，便可代代相传，也可以污染孵化器，通过蛋壳等传给雏鸡，进而将此病扩散。消化道感染是十分重要的感染途径。病鸡的粪便是传播此病的重要媒介物，也是该病传播的直接菌源。病鸡排出的粪便中含有大量的病菌，雏鸡因接触污染该菌的饲料、垫料和饮水及用具而被感染。通过交配、断喙和性别鉴别等也能传播该病。雏鸡较成鸡易感。此外，野鸟、动物和苍蝇等也可成为机械传播者。

一年四季均可发生。饲养管理条件差、雏鸡拥挤、环境卫生不良、温度过高或过低、通风不良、营养缺乏及有其他疫病均可以成为诱发本病或增加死亡的重要原因。

2. 临床诊断

不同类型的沙门氏菌感染，其症状有所不同。鸡白痢主要发生在雏鸡，而禽伤寒主要发生在3周龄以上的鸡乃至成年鸡，其中大于12周龄的鸡最易感。鸡白痢对于日龄较大的鸡不致死，而禽伤寒发生则贯穿鸡群一生，可导致鸡群不断死亡。一般表现为如下。

（1）鸡白痢沙门氏菌。鸡白痢是一种急性全身感染的传染病，发病率和死亡率均很高。2周龄以内的鸡死亡最多，大于2周龄死亡率低。病雏表现为精神沉郁（图3-2-1）、怕冷、扎堆、尖叫、两翅下垂、反应迟钝、不食或少食，排白色糊状或带绿色的稀粪（图3-2-2），沾染泄殖腔周围的绒毛，粪便干后结成石灰样硬块常常堵塞泄殖腔，

图3-2-1　雏鸡白痢沙门氏菌精神不佳、萎靡

发生"糊肛"，影响排粪（图3-2-3）。

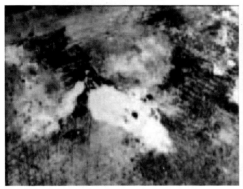

图3-2-2　雏鸡白痢沙门氏菌白色稀粪　　图3-2-3　雏鸡白痢沙门氏菌
发生"糊肛"

（2）鸡伤寒沙门氏菌。急性感染时突然停食，排黄绿色粪便，体温有所上升。病鸡通常5~10天死亡，可引起急性或慢性败血病，主要危害成年鸡。雏鸡发病时与鸡白痢相同。

（3）禽副伤寒。日龄较大的雏鸡可表现为水样腹泻，病程1~4天，1月龄以上很少死亡。

3. 病理学诊断

（1）鸡白痢沙门氏菌。

雏鸡：出壳后5天死亡的鸡一般无明显的特征性病变，通常仅见到肝脏肿大（图3-2-4）、黄色、脾肿大，卵黄吸收不良。10日龄以上的病/死鸡肝脏肿大，有散在或密布的黄白色小坏死点（图3-2-5）；脾脏肿大（图3-2-6）。肾充血或贫血，肾小管和输尿管充满尿酸盐（图3-2-7）。盲肠膨大，有干酪样物阻塞（图3-2-8）。病程稍长者，在肺脏上有黄白色米粒大小的坏死结节；十二指肠（图3-2-9）、盲肠（图3-2-10）等肠道部位有隆起的白色白痢结节（图3-2-11）；严重时，心脏出现结节（图3-2-12）和肝脏肿大以及坏死（图3-2-13）。

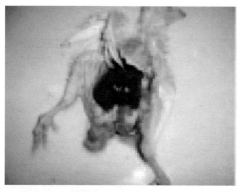
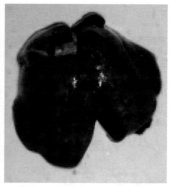

图 3-2-4　雏鸡白痢沙门氏菌肝脏坏死　　图 3-2-5　鸡白痢沙门氏菌
　　　　　　　　　　　　　　　　　　　　　　　　　　肝脏坏死

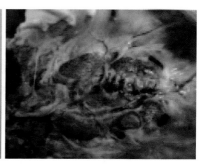

图 3-2-6　雏鸡白痢沙门氏菌脾脏肿大　　图 3-2-7　雏鸡白痢沙门氏菌肾脏肿大
　　　　　和坏死点　　　　　　　　　　　　　　　　　和尿酸盐沉积

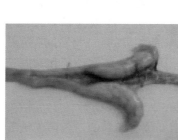
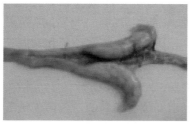

图 3-2-8　雏鸡白痢沙门氏菌盲肠肿　　图 3-2-9　鸡白痢沙门氏菌十二指肠结节
　　　　　大和尿酸盐沉积

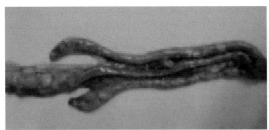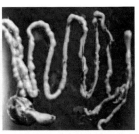

图 3-2-10 鸡白痢沙门氏菌盲肠白色白痢结节 图 3-2-11 鸡白痢沙门氏菌肠道结节

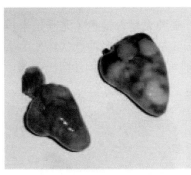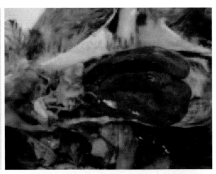

图 3-2-12 鸡白痢沙门氏菌心脏结节 图 3-2-13 鸡白痢沙门氏菌肝脏肿大和心脏结节

成年鸡：卵泡萎缩、变形（梨形或不规则形）（图 3-2-14）和变性、变色（黄绿色、灰色、黄灰色、灰黑色等）（图 3-2-15）；卵泡内容物呈水样、油状或干酪样（图 3-2-16）。

图 3-2-14 鸡白痢沙门氏菌卵泡变形和变性

慢性感染：常见卵泡破裂，引起广泛的腹膜炎。有的可见心包炎、肝脾肿大；有的可见输卵管炎，内有灰白色干酪样渗出物。成年公鸡出现睾丸炎或睾丸极度萎缩。

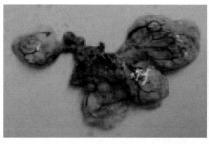 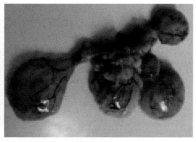

图 3-2-15　鸡白痢沙门氏菌卵泡萎缩　图 3-2-16　鸡白痢沙门氏菌卵泡液化
　　　　　和变性

（2）鸡伤寒沙门氏菌。剖检以肝脏肿大呈青铜色（尤其是生长期和产蛋期的母鸡）（图 3-2-17、图 3-2-18）、多种点状坏死为主要特征（图 3-2-19、图 3-2-20）。雏鸡发病同鸡白痢沙门氏菌。

图 3-2-17　鸡伤寒沙门氏菌病鸡肝脏　图 3-2-18　鸡伤寒沙门氏菌沙门氏菌
　　　　　青铜色和点状坏死　　　　　　　肝脏点状坏死

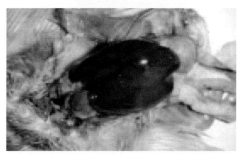 

图 3-2-19　鸡伤寒沙门氏菌肝脏点状坏死　图 3-2-20　鸡伤寒沙门氏菌肝脏
　　　　　　　　　　　　　　　　　　　　　　　坏死

（3）禽副伤寒。剖检以肠炎为主，不常见。

4. 实验室诊断

通过常规的细菌分离技术，结合选择性培养基，很容易鉴别出沙门氏菌。必要时可进行进一步的生化特性鉴定。

（三）防控要点

鸡白痢、禽伤寒和副伤寒 3 种疾病的防控措施相同。

1. 种鸡群净化

鸡沙门氏菌具有明显的宿主特异性，不像禽流感病毒那样宿主广泛，哺乳动物几乎不感染，垂直传播是其主要方式。因此，对种鸡群的净化十分关键。美国等养禽发达国家通过净化措施已经培育出净化的鸡群。

2. 药物防控

多种药物有效，注意事项同大肠杆菌。需要注意的是，药物治疗可以减少雏鸡的死亡，但愈后鸡仍然带菌。常用药物如下。

磺胺甲基嘧啶和磺胺二甲基嘧啶：0.2%~0.4% 混饲，连用 3 天，再减半量用 1 周。

氨苄西林：按体重 10~20mg/kg 肌内注射，2~3 次 / 天。或按 600mg/L 饮水，连续 2~3 天。

链霉素：按体重 20~30mg/kg 肌内注射，2~3 次 / 天，连续 2~3 天。

卡那霉素：按体重 10~30mg/kg 肌内注射，2 次 / 天。或按 30~120mg/L 饮水，连续 2~3 天。

庆大霉素：按体重 5~7.5mg/kg 肌内注射，2~3 次 / 天，连续 2~3 天。

此外，利用蜡样芽孢杆菌，乳酸杆菌或粪链球菌等微生态制剂有助于控制沙门氏菌病。

三、禽霍乱

（一）概述

禽霍乱是由多杀性巴氏杆菌引起鸡、鸭、鹅、火鸡和野鸟等禽类的一种接触性传染病。急性病例主要表现为突然发病、高热下痢、败血症，呼吸困难，发病率和死亡率均很高。慢性病例则主要表现为鸡冠和肉髯水肿，流鼻涕，呼吸困难，关节炎，病程较长。二者均给养殖业造成了巨大的直接和间接经济损失。

多杀性巴氏杆菌是禽霍乱的病原体，该菌属 A 型，少数为 D 型，革兰氏阴性，呈单个或成对存在。瑞氏或美蓝染色呈明显的两极着色。该菌对外界抵抗力不强，极易被消毒剂、阳光、干燥和热灭活。

（二）诊断要点

1. 流行病学诊断

各种日龄和各品种的鸡均易感染本病，3~4月龄的鸡和成年鸡较容易感染。主要通过消化道和呼吸道，也可通过吸血昆虫和损伤的皮肤黏膜而感染。病鸡/带菌鸡的排泄物、分泌物及带菌动物均是本病主要的传染源。本病一年四季均可发生，但以夏、秋季节多发。气候剧变、闷热、潮湿、多雨时期发生较多。长途运输、迁移、过度疲劳，饲料突变，营养缺乏，寄生虫等可诱发此病。

2. 临床诊断

最急性型：常发生在暴发的初期，没有任何症状，突然倒地，双翅扑腾几下即死亡。

急性型：病鸡发热，鼻和口腔中流出混有泡沫的黏液，呼吸急促，鸡冠、肉髯呈青紫色（图 3-3-1），排黄色、灰白色或淡绿色稀粪。最后出现痉挛、昏迷而死亡。

慢性型：多见于流行后期，病变常局限于某一部位，如病鸡肉髯肿大；鼻腔流黏液，脸部、鼻窦肿大（图 3-3-2），喉头分泌物增多，出现呼吸道症状；关节肿胀或化脓，出现跛行。

3. 病理学诊断

最急性型：无明显变化。

急性型：肝脏肿胀、棕黄色、质脆，散在许多红色（图 3-3-3）、灰白色或黄白色、针头大的坏死点（图 3-3-4）。病鸡的腹膜、皮下组织及腹部脂肪常见小点出血。心包变厚，心包内积有多量浆液，心冠脂肪（图 3-3-5）、心外膜出血明显（图 3-3-6）。胃肠道的变化以十二指肠最突出，呈急性、卡他性或出血性肠炎。

图 3-3-1　禽霍乱病鸡冠子发紫

图 3-3-2　慢性禽霍乱肿脸

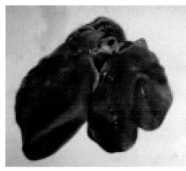

图 3-3-3　禽霍乱肝脏坏死

图 3-3-4　急性禽霍乱肝脏肿大并有坏死灶

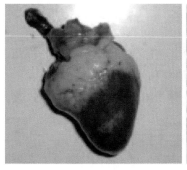

图 3-3-5　禽霍乱病鸡心脏脂肪出血

图 3-3-6　禽霍乱病鸡心脏外膜出血

慢性型：病变因细菌侵害的器官不同而有差异，缺乏特征性病变。

4. 实验室诊断

利用病料（发病或死亡禽的组织器官或心血渗出物）或细菌分离物制备触片，分别进行革兰氏或美蓝等染色，镜检观察是否具有巴氏杆菌的特点。如革兰氏染色应为阴性；美蓝染色呈两极浓染；姬姆萨或瑞氏染色，呈两极着色的卵圆形杆菌；印度墨汁负染可染出荚膜。

（三）防控要点

1. 疫苗防控

在疫病高发地区可考虑疫苗免疫接种。常用疫苗可分为弱毒活菌疫苗和灭活疫苗。

（1）弱毒活菌疫苗。常用的活菌疫苗有（鹅源）731禽霍乱弱毒菌苗、（兔源）833禽霍乱弱毒菌苗和（鸡源）G190E40禽霍乱弱毒菌。弱毒疫苗的优点是免疫原性好，3~5天即可产生坚强免疫力，成本低，免疫谱广，免疫力为60%~90%。

（2）灭活菌苗。主要有油乳剂和蜂胶两种灭活苗。国内生产的油乳剂灭活菌苗是选用血清型5∶A的菌株，免疫期可达5个月。蜂胶疫苗由沈志强于1987年利用蜂胶研制，是预防禽霍乱较为理想的疫苗。该疫苗对鸡、鸭、鹅等具有相同效果。注射局部无肿胀、无疼痛、无坏死、不影响产蛋和安全性高。

2. 药物治疗

药物防控是控制禽霍乱的重要措施，用药注意事项同大肠杆菌。最好连续两个疗程治疗，并做好环境消毒和改善营养。

青霉素、链霉素肌内注射，各5万~10万IU/只，1~2次/天，连用3天。

强力霉素按0.05%~0.1%饮水，连用3天。

复方阿莫西林粉按0.05%饮水，每天2次，连用3~7天。

四、传染性鼻炎

（一）概述

鸡传染性鼻炎（IC）是由副鸡禽杆菌引起的一种鸡急性上呼吸道感染的传染病，主要病症是鼻腔和鼻窦发炎，流鼻液，面部肿胀，结膜炎和呼吸困难，排绿色或白色粪便等。

副鸡嗜血杆菌是致病病原，革兰氏阴性、小杆菌，不形成芽孢。利用平板凝集试验可将本菌分为 A、B、C 3 个血清型，不同血清型之间缺乏交叉保护。

（二）诊断要点

1. 流行病学诊断

不同日龄鸡均易感，雏鸡很少发病。产蛋期发病最严重和最典型。在育成鸡群和蛋鸡群中高发，发病后传播迅速，可引起育成鸡生长发育停滞和淘汰率增加，蛋鸡产蛋率急速下降。对商品肉鸡的危害相对较轻，主要产生气囊炎病变。药物治疗有效，易复发。病鸡和带菌鸡是主要传染源。主要通过呼吸道传播，也可经饲料、饮水、笼具、空气等传播。一年四季都可发生，但寒冷季节多发。

2. 临床诊断

该病潜伏期为 1~3 天，疾病传播速度快，3~5 天波及全群。病鸡鼻腔有浆液性或黏液性分泌物，面部水肿，鸡冠和肉髯发绀（图 3-4-1）。常见甩头、流泪（图 3-4-2）。眼角有分泌物，眼眶周围肿胀（图 3-4-3至图 3-4-5）。严重的病鸡会失明。单纯感染病程 2~3 周，冬

图 3-4-1　传染性鼻炎病鸡脸部淤血

季发病症状严重。产蛋鸡产蛋明显下降，产蛋率下降 10%~40%。当

鸡群状况好转，产蛋回升时，死亡增加。

图 3-4-2　传染性鼻炎病鸡眼睛流泪　　图 3-4-3　传染性鼻炎眼周围肿胀

图 3-4-4　传染性鼻炎病鸡肿脸　　图 3-4-5　传染性鼻炎病鸡脸部一侧肿胀

3. 病理学诊断

特征性病变：鼻腔和窦黏膜呈急性卡他性炎症，黏膜表面有大量黏液，充血、潮红，鼻窦内积有黏液性的渗出物凝块或干酪性坏死物（图 3-4-6），严重时喉头和气管黏膜发红，引起气囊炎和支气管肺炎；眼结膜充血、肿胀，面部及肉髯的皮下组

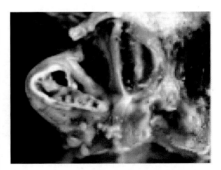

图 3-4-6　传染性鼻炎病鸡鼻腔切面，含大量干酪样物

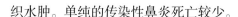

织水肿。单纯的传染性鼻炎死亡较少。

继发细菌感染或混合感染时，死亡增加，病理变化主要是混合感染所致，多数是混合感染或继发感染的病变，如可见卵黄性腹膜炎，输卵管内有黄色干酪样分泌物，卵泡变软或血肿，卵巢萎缩等。其他内脏器官无变化。

4. 实验室诊断

在发病的急性期（发病1周内），以无菌操作方法用接种环采取眼、鼻腔或眶下窦分泌物，在血液琼脂平板上和金黄色葡萄球菌交叉接种，在 5%~10% CO_2 环境中培养 16~18h，可见灰白色呈露滴状针尖大小菌落，在葡萄球菌菌落周围有明显的"卫星现象"。取培养物，进行革兰氏染色镜检，可见革兰氏阴性、两极浓染的短杆菌，可以诊断为传染性鼻炎。

（三）防控要点

疫苗预防、药物治疗和生物性安全措施是控制本病的重要手段。

1. 疫苗免疫

疫苗免疫接种是世界各地预防鸡传染性鼻炎的重要手段，大部分疫苗均为多价灭活疫苗。国内普遍使用的疫苗多为二价苗（A型+C型）和三价苗（A型+B型+C型）。

首免时间为 30~42 天，二免在 18 周龄，二者间隔 70 天，可保护整个产蛋期。

2. 药物治疗

本病可选用多种抗生素和磺胺类药物治疗，但常常效果不佳，容易复发。磺胺类药物是治疗本病的首选药物。

磺胺噻唑 0.5%，混饲连喂 5~7 天，或磺胺二甲氧嘧啶 0.05% 饮水，连饮 6 天。

新诺明 0.1%+TMP+ 小苏打（碳酸氢钠）0.1%~0.2% 共同拌料，连用 3~5 天。

链霉素 0.2mg/只，进行肌注，每日 2 次，连用 3 天。同时，北里霉素混饲。

卡那霉素按 5 000IU/ 只肌注，连用 3 天。

青霉素、链霉素联合肌内注射 15 万 ~20 万 IU/ 只，连用 3 天。

庆大霉素按 2 000~3 000IU/ 只肌注，连用 3 天。

五、鸡坏死性肠炎

（一）概述

坏死性肠炎是家禽小肠的急性、散发性、非接触性的传染病。临床上以发病急、死亡快、小肠黏膜坏死为特征。其病原通常为 A 型或 C 型魏氏梭菌（又称产气荚膜梭菌），革兰氏阳性、两端钝圆的粗短杆菌，单独或成对排列，在自然界中形成芽孢较慢。该病原的直接致病因素还包括 A 型或 C 型菌株产生的各种毒素。

（二）诊断要点

1. 流行病学诊断

以 2 周龄至 6 月龄鸡多发，商品肉鸡 2~5 周龄高发，发病率为 1%~40%，多数为散发。热应激、突然更换饲料或饲料品质差、饲喂变质的鱼粉、骨粉等，鸡舍的环境卫生差，长时间饲料中添加抗生素，这些因素均可促使本病的发生。患过球虫病和蛔虫病的鸡易暴发本病。

2. 临床诊断

鸡群突然发病，精神不振、羽毛蓬乱、厌食、下痢、泄殖腔周围的羽毛为粪便污染，粪便呈暗黑色、混血样粪，迅速脱水、死亡。

3. 病理学诊断

病 / 死鸡打开腹腔时即闻到一种特殊的腐臭味。小肠表面污黑绿色（图 3-5-1），肠道扩张，充满气体，肠壁增厚，肠内容物呈液体，有泡沫，有时为栓子或絮状。肠道黏膜有出血和坏死点，肠管脆，易碎（图 3-5-2），严重时黏膜呈弥漫性土黄色，呈严重的纤维素性坏死，并形成伪膜。肠道内有含气泡黑色糊状物，有腥臭味。可产生卵黄性腹膜炎（图 3-5-3）。

肠道过料，肠腔内有未消化的饲料颗粒，小肠的下段、回肠有橙色内容物，多为产气荚膜梭菌和球虫混合感染，又称"肠毒综合征"。

此外，受感染的鸡肝脏通常肿大，颜色极黑。有时肝脏苍白、坚硬，胆囊增厚。腺胃乳头分泌脓性分泌物（图3-5-4）。

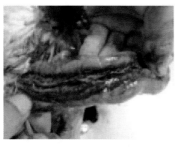

图 3-5-1 坏死性肠炎病鸡肠道出血

图 3-5-2 坏死性肠炎病鸡的肠壁非常薄

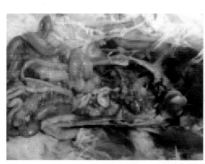

图 3-5-3 坏死性肠炎病鸡的腹腔病变

图 3-5-4 坏死性肠炎病鸡腺胃乳头病变

4. 实验室诊断

对发病鸡进行肠道涂片镜检，可以观察到短粗的杆菌。

（三）防控要点

改善鸡舍卫生状况，保证饲料质量，做好球虫病的预防等都是重要的预防措施。在炎热季节，定期在饲料中添加腐殖酸钠、微生态制剂、药用木炭等可有效预防该病发生。

一旦发病，可采用下列药物治疗：

阿莫西林可溶性粉 60mg/L 饮水，连用 3~5 天。

庆大霉素 40mg/L 饮水，连用 3 天。

10% 盐酸林可霉素可溶性粉，按 0.15% 稀释饮水，连用 5~10 天。

六、鸡弯曲菌病

（一）概述

鸡空肠弯曲菌病又称"弧菌性肝炎"，是由空肠弯曲菌引起鸡的一种以肝脏出血、坏死和脂肪浸润等为特征的传染病。鸡弯曲菌病是工业化国家中急性细菌性胃肠炎的常见病因。

弯杆菌感染通常有 2 个种：空肠弯曲菌和结肠弯曲菌。该菌革兰氏染色均为阴性，微需氧和嗜热性，体外不宜生存。

（二）诊断要点

1. 流行病学诊断

禽是嗜热弯曲菌最重要的贮存宿主，有 90% 的肉鸡可被感染，100% 的火鸡和 88% 的鸭带菌。病菌通过排泄物污染饲料、饮水及用具等，通过水平传播在鸡群中蔓延。病鸡和带菌鸡是传染源。一般认为禽类是人类弯杆菌感染的潜在传染源。春季和初夏发病最高。

2. 临床诊断

急性死亡的鸡常无症状，且多为壮鸡。病程稍长者，多数鸡呈黄褐色腹泻，然后呈浆糊样，继而呈水样腹泻。病鸡精神倦怠、沉郁，死亡鸡腹部皮肤常因腹腔内充满了血液而呈黑红色，且有波动感。鸡冠萎缩，苍白。大群鸡采食量与外观精神正常。

3. 病理学诊断

急性型：肝脏肿大、质脆，呈土黄色，可见点状或大片边缘不规则的坏死区（图 3-6-1）。典型病例出现血肿或肝脏破裂。肝脏表面常有针尖大白色坏死灶。

慢性病例：肝脏质地变硬，在肝脏表面有灰白或灰黄色星状坏死灶，或在肝脏的背面和腹侧面布满菜花样坏死区（图3-6-2、图3-6-3）。

　　病死鸡腹腔内常有多量血水或血凝块。发生明显的出血性和糜烂性肠炎（图3-6-4至图3-6-6）。

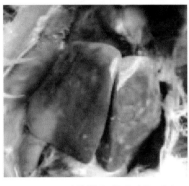

图3-6-1　弧菌性肝炎病鸡肝脏表面大量坏死灶

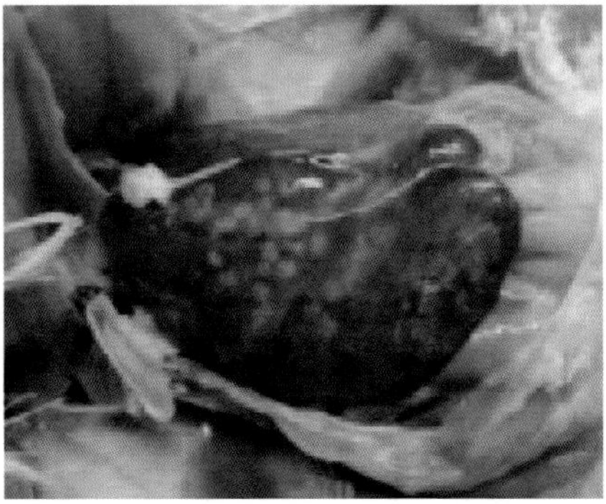

图3-6-2　弧菌性肝炎病鸡肝脏菜花样坏死

图3-6-3　弧菌性肝炎病鸡肝脏肿大和星状坏死

图3-6-4　弧菌性肝炎病鸡肠道糜烂出血

4. 实验室诊断

可取胆汁进行病原的分离和鉴定。

图 3-6-5　弧菌性肝炎病鸡肠道出血　　图 3-6-6　弧菌性肝炎病鸡肠道糜烂

（三）防控要点

本病是一种条件性疾病，常与不良的环境因素或其他疾病感染有关。

1. 加强饲养管理

应选择清洁干净的饲料和饮水，及时清理料槽中的剩料，清刷水槽或冲洗水线；做好通风换气，保持鸡舍干燥；日常按消毒计划进行鸡舍的喷雾消毒和带鸡消毒。防止患病鸡与其他动物及野生禽类接触，对病／死鸡、排泄物及被污染物作无害化处理。

2. 药物治疗

20% 氟苯尼考 500g/t 混料，连喂 10 天。

盐酸多西环素 1g/kg 混料，连用 3~5 天。

环丙沙星 0.5g/kg 混料，连用 3~5 天。

10% 盐酸林可霉素可溶性粉，按 0.15% 稀释饮水，连用 5~10 天。

对于重症病鸡，可采用链霉素或庆大霉素进行肌内注射，2 次／天，连用 3~5 天。

七、鸡毒支原体病

（一）概述

鸡毒支原体（MG）是支原体中致病性较强、分布较广，引起经济损失较大的病原；其特征性症状是呼吸啰音、咳嗽、流鼻液和张口呼吸，且呼吸有啰音，炎症表现为气管炎和气囊炎等。该病病程长，发展慢，又称"慢性呼吸道病"，成年鸡多为隐性感染。MG 也是我国养禽业较为常见的疾病，至少 70% 以上的家禽发生感染。

鸡毒支原体属于软皮体纲、支原体目、支原体属，是目前已知较小的、非寄生的、能自我复制的原核细胞型微生物。含双链 DNA 基因组，缺乏细胞壁，仅由胞浆膜包裹，寄生在人和动物体内。支原体大小介于病毒和细菌之间，可以通过 450nm 的细菌滤器。

（二）诊断要点

1. 流行病学诊断

MG 自然感染主要发生于鸡和火鸡，各种日龄鸡均可感染，以 30~60 日龄鸡最易感。可通过直接接触传播或经卵垂直传播，尤其垂直传播可造成循环传染。垂直传播是鸡毒支原体传播的主要方式。

本病一年四季均可发生，以冬、春寒冷季节最为严重。寒冷和潮湿、卫生条件差、通风不良、密度过大等均易导致鸡群发生慢性呼吸道疾病。在感染鸡群，当气温在 31~32℃ 时，气囊炎的发生概率为 9%，而当温度降低到 7~10℃ 时，气囊炎的发生概率上升为 45%，在相同温度条件下，湿度越大，发病率越高。

2. 临床诊断

本病常呈慢性经过，病程较长。幼龄鸡感染后发病症状明显，病初鼻腔及其邻近的黏膜发炎，病鸡出现浆液、浆液－黏液性鼻漏，打喷嚏，窦炎，结膜炎，眼角流出泡沫样浆液或黏液。中期炎症由鼻腔蔓延到支气管，病鸡出现咳嗽，有明显的呼吸道啰音等。发病后期炎症进一步发展到眶下窦等处时，引起眼睑肿胀乃至整个面部肿

图 3-7-1　鸡毒支原体感染病鸡眼睛流泪和肿胀

胀。部分病鸡一侧或两侧眼睑肿胀、粘连，有时分泌物覆盖整个眼睛，造成失明（图3-7-1）。

成年鸡多散在发生，症状不明显。表现为食欲减退，进行性消瘦，生长缓慢，体重不达标。产蛋鸡表现为产蛋率下降（10%~40%），种蛋的孵化率降低10%~20%，会出现死胚，弱雏率上升10%。

3. 病理学诊断

病鸡鼻道、眶下窦黏膜水肿、充血、肥厚或出血。窦腔内充满黏液或干酪样渗出物。眼睑水肿，呈黄色胶冻样。肺部充满气泡（图3-7-2）。

图3-7-2　鸡毒支原体感染病鸡肺部泡沫样渗出物

特征性病变是气囊炎，表现为：气囊浑浊、增厚，呈灰白色云雾状，特别是胸气囊，其次是腹气囊常积有白色或黄色干酪样渗出物（图3-7-3）。严重者可看到支气管栓塞（图3-7-4）。病程久者可见纤维素性气囊炎，甚至导致腹膜炎（图3-7-5、图3-7-6）、纤维素性心包炎和纤维素性肝周炎（图3-7-7）。

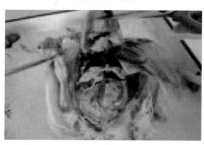

图3-7-3　鸡毒支原体感染病鸡腹膜炎

图3-7-4　鸡毒支原体感染导致的支气管栓塞

图3-7-5　鸡毒支原体感染病鸡肺炎和气囊炎

图 3-7-6　鸡毒支原体感染病鸡　　　图 3-7-7　鸡毒支原体感染病鸡心包炎和
腹腔干酪样物　　　　　　　　　　　　　　肝周炎

4. 实验室诊断

鸡毒支原体的诊断"金标准"是病原体的分离和鉴定。样品可取自活禽、刚死的鸡、死胚或已经破壳的死胚。常用改良的 Frey 氏培养基分离，该培养基能支持几乎所有禽源支原体的生长。一般来说，一份病料应分别接种于葡萄糖培养基、精氨酸培养基和尿素培养基（液体和固体培养基）进行分离，有助于提高分离率。眶下窦、鼻腔、气管等材料接种于液体培养基后应盲传一次，以免细菌快速生长而掩盖支原体的分离。

（三）防控要点

1. 环境控制是降低支原体的重要措施

支原体发病与环境因素密切相关。首先，应加强饲养管理，降低饲养密度，注意通风，保持舍内空气新鲜，防止过热过冷、湿度过高，定期清粪，防止氨气、硫化氢等有毒有害气体的刺激等。其次，应坚持"全进全出"制，最大限度地避免多日龄鸡群混养。再次，定期带鸡消毒，加强消毒防范。最后，要合理分配日粮，定期添加维生素来加强机体的免疫力。

2. 种源净化是防控支原体的关键

对种源的净化是解决该病的关键。此外，选择 SPF 弱毒活疫苗也是一个非常重要的措施。种鸡在开产前，对全群不少于 10% 鸡群进行 SPA 血清学检测，应全部阴性；在此后不超过 90 天的间隔中，对产蛋鸡至少 150 只鸡进行检测，抗体应为阴性；对其后代雏鸡进行检测，应全部阴性。淘汰所有阳性鸡和可疑鸡。

3. 疫苗免疫

在种源不能净化、支原体污染严重的地区，疫苗接种是减少和预防支原体感染的有效方法。支原体的疫苗主要有两种：弱毒疫苗和灭活疫苗，前者主要用于商品鸡和蛋鸡，后者主要用于种鸡的免疫。

（1）活疫苗。弱毒活疫苗 MG 有 3 株：F 株、ts-11 株和 6/85 株；MS 仅有一株 MS-H 株。使用活疫苗就是"有控制的感染"，通常在不会引起病变的日龄进行疫苗免疫接种。

（2）灭活疫苗。支原体灭活疫苗比较安全，但必须注射。两次灭活疫苗免疫接种可有效控制支原体垂直传播，还可降低和清除体内的感染，提高种鸡的生产性能。

（3）免疫程序。

活疫苗：5~10 天鸡首免，60~80 天二免。

灭活疫苗：15~20 天鸡首免，60~80 天二免，开产前三免。

种鸡群应弱毒疫苗和灭活疫苗联合使用，先用弱毒疫苗，再用灭活疫苗。开产前免疫灭活疫苗。

免疫监控：活疫苗免疫 1 个月后，抗体阳性率应在 80% 以上；灭疫疫苗免疫 1 个月后，抗体阳性率应在 70% 以上。如果阳性率在 40% 以下，需要重新免疫。

4. 药物治疗

支原体存在于细胞内，加上它本身缺乏细胞壁，与宿主细胞膜具有特殊的亲和关系，有时候细胞膜通过胞饮作用将其包裹起来，因此，对支原体有特效的药物相对较少。

支原体对常用的抗生素可产生耐药性和交叉耐药性。常用药物如下。

泰乐菌素按体重 20~25mg/kg 饮水，1 天 1 次，连用 5 天。

泰万菌素按体重 0.5~1.5mg/kg 饮水，1 天 1 次，连用 7 天。

支原净（泰妙菌素）对鸡的预防量是 0.0125%，治疗量是 0.025%，连用 3 天。

强力霉素按体重 10~20mg/kg 饮水，1 天 1 次，1h 内饮完，连用 3~5 天。

对于单一感染的成年鸡，可以用链霉素 200mg / 天，1 次注射；对于 5~6 周龄的鸡，每只 60~100mg / 天，1 次注射；均连用 3~4 天。

八、鸡滑液囊支原体病

（一）概述

滑液囊支原体（MS）主要引起家禽关节渗出性的滑膜炎、腱鞘炎等，引起关节肿胀和运动障碍的传染病，还可引起鸡慢性呼吸道感染，但危害远比 MG 低。其病原特征与鸡毒支原体相同。

（二）诊断要点

1. 流行病学诊断

自然感染主要发生于鸡和火鸡，各种日龄鸡均可感染。本病一年四季均可发生。MS 多发于 4~16 周龄的鸡，以 9~12 周龄的青年鸡最易感。其传播与鸡毒支原体（MG）相似，可发生水平传播和垂直传播，传播速度比 MG 快。自然感染和人工感染的鸡均可发生垂直传播。滑液囊支原体还可经呼吸道传播，感染率可达 100%，但很少发生关节病变。

2. 临床诊断

病鸡表现为不愿运动，蹲伏或借助翅膀向前运动，翅关节、跗关节、脚趾关节肿大（图 3-8-1、图 3-8-2），脚垫皮肤受损、结痂，且有热感和波动感，久病不能走动。产蛋鸡蛋壳畸形或异常（图3-8-3）。病鸡消瘦，排浅绿色粪便且含有大量的尿酸。

3. 病理学诊断

剖检见腱鞘处有黄白色囊状物，内有白色黏液，关节滑液囊或脚垫内有黏液性呈灰白色的乳酪样渗出物（图3-8-4），有时关节软骨出现糜烂。严重病例在颅骨和颈部背侧有干酪样渗出物。

偶见气囊炎的病变。有的病鸡会因运动障碍而出现胸部囊肿，剖检见龙骨处囊肿内有干酪样渗出物。

图3-8-1 滑液囊支原体病鸡腿关节肿胀

图3-8-2 滑液囊支原体腿关节肿胀

图3-8-3 滑液囊支原体导致的蛋壳异常

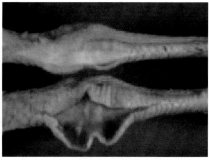

图3-8-4 滑液囊支原体关节渗出物

4. 实验室诊断

主要是从疑似病例发病鸡的爪垫、关节渗出液、口咽和鼻腔及泄殖腔棉拭子中分离。一般说来，从急性病禽分离滑液囊支原体并不难，但在慢性感染阶段，病变组织中含有 MS 活菌较少，特别是与其他支原体或病原混合感染时 MS 的分离鉴定工作费时费力，难度大。

（三）防控要点

预防、免疫和药物治疗同鸡毒支原体。

九、葡萄球菌病

（一）概述

葡萄球菌病是由金黄色葡萄球菌（*Staphylococcus aureus*）引起的一种人畜共患传染病。其发病特征是幼鸡呈急性败血症，育成鸡和成年鸡呈慢性型，表现为脐炎、关节炎、皮肤湿性坏疽。该病的流行往往可造成较高的淘汰率和病死率，给养鸡生产带来较大的经济损失。

葡萄球菌属于微球菌科，葡萄球菌属。该菌易被碱性染料着色，革兰氏染色阳性，排列呈葡萄串样。该菌无芽孢，无鞭毛，有的可形成荚膜或黏液层。葡萄球菌属分为 3 个种：金黄色葡萄球菌、表皮葡萄球菌、腐生葡萄球菌。通常造成危害的是金黄色葡萄球菌。该菌对外界的抵抗力较强。3%~5% 石炭酸 3~15min 可致死该菌，70% 酒精在 10min 内可杀死本菌。1:（100 000~300 000）的龙胆紫可抑制本菌的生长和繁殖。

（二）诊断要点

1. 流行病学诊断

葡萄球菌是自然界中广泛存在的一类细菌，为条件性致病菌，正常情况下可存在于家禽的皮肤和黏膜。主要经皮肤创伤、毛孔、消化道、呼吸道、脐带等入侵。只有当皮肤和黏膜受到外伤，或由于其他因子造成免疫功能损伤时，该菌才引起发病。产白壳蛋的轻型鸡种易发，而产褐壳蛋的中型鸡种很少发生。4~12 周龄多发，地面平养和网上平养较笼养鸡多发。病鸡和带菌鸡是主要的传染源。

一年四季均可发生，多雨、潮湿季节多发。发病率与饲养管理水平、环境卫生状况以及饲养密度等因素密切相关，死亡率一般在2%~50%。

2. 临床诊断

（1）急性败血型。病鸡多在2~5天内死亡。患病鸡体温升高，精神沉郁，食欲下降，羽毛蓬乱，缩颈闭目，呆立一隅，腹泻，排灰白色或黄绿色粪便；同时在翼下、下腹部等处有局部炎症，呈现紫黑色的浮肿，用手触摸有明显的波动感，轻抹羽毛即掉下，有时皮肤破溃，流出紫红色有臭味的液体（图3-9-1）。本病的发展过程较缓慢，但出现上述症状后2~3天内死亡，尸体极易腐败。这种类型的平均死亡率为5%~10%，严重时高达100%。多呈散发流行，病死率较高。

（2）慢性关节炎病例。慢性病例发病时间较长，关节发病较多，主要发生在胫、跗关节、趾关节和翅关节（图3-9-2）。多发生于成年鸡和肉种鸡的育成阶段。发病时关节肿胀（图3-9-3），呈紫红色，破溃后形成黑色的痂皮；有的脚垫受损，流脓。病鸡精神较差，食欲减退，跛行、不愿走动。严重者不能站立。感染也可发生在头部（图3-9-4）等。

（3）脐带炎型。患脐带炎的病雏，腹部膨大，脐孔发炎、肿胀，局部呈黄色或紫黑色，触之硬实，一般在出壳后2~5天内死亡。病程长的可转为慢性病例，可出现眼型症状。病鸡表现为头部肿大，眼睑肿胀，闭眼，有脓性分泌物，病程长者眼球下陷，失明（图3-9-5）。

3. 病理学诊断

急性败血型病例，病鸡肝脏肿大，呈紫红色或花斑色，有出血点和白色坏死点。脾脏、肾脏肿大，有黄白色大小不一的坏死点。心包内有黄色浑浊的渗出物，甚至发生腹腔积水（图3-9-6）。

慢性病例可见受害病鸡关节的皮肤受损，关节周围有胶冻样渗出；邻近的腱鞘肿胀、变形，关节周围结缔组织增生，关节腔内有血性、脓性或干酪样渗出物。

图 3-9-1　葡萄球菌感染病鸡腹部肿胀　图 3-9-2　葡萄球菌感染病鸡翅部肿胀
　　　　　和发紫　　　　　　　　　　　　　　　　和发紫

图 3-9-3　葡萄球菌感染病鸡腿部肿胀　图 3-9-4　葡萄球菌感染病鸡头部肿胀

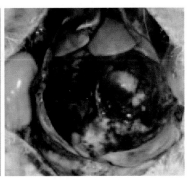

图 3-9-5　葡萄球菌感染病鸡眼部发炎　图 3-9-6　葡萄球菌感染病鸡腹部病变

4. 实验室诊断

确诊需要进行细菌的分离培养和鉴定。取脓、渗出物等做涂片，如见到大量典型的葡萄球菌可基本确诊。也可利用含 5% 的绵羊血或兔血琼脂平板进行细菌分离，菌落呈金黄色，周围呈溶血现象。也可利用 PCR 技术、核酸探针、ELISA 等检测葡萄球菌毒素基因和抗原物质的方法进行诊断。

（三）防控要点

1. 综合预防

要定期检查笼具、网具是否光滑平整，有无外露的铁丝尖头或其他尖锐物，网眼是否过大。平养的地面应平整，垫料宜松软，防硬物刺伤脚垫。防止鸡群互斗和啄伤等。可对鸡群进行断喙、断趾，注意针、刺等途径免疫接种时的消毒和灭菌。

2. 发病对策

一旦发病，应及时隔离病鸡，对可疑被污染的鸡舍、鸡笼和环境，可进行带鸡消毒。常用的消毒药如 2%~3% 石炭酸、0.3% 过氧乙酸等。多种抗生素对该病有抑制作用。投药前最好进行药物敏感试验，选择最有效的敏感药物进行全群投药。

青霉素：青霉素钠或钾按体重 5 万 IU/kg 肌内注射，2~3 次 / 天，连用 2~3 天。

阿莫西林（羟氨苄青霉素）：按体重 10~15mg/kg 内服，2~3 次 / 天，连用 2~3 天。

10% 氨苄西林可溶性粉，按 0.06% 稀释后饮水使用。

5% 硫氰酸红霉素可溶性粉，按 0.25% 稀释后饮水使用。

第四章

其他疾病

一、曲霉菌病

（一）病原

曲霉菌病又称霉菌性肺炎，临床上以侵害呼吸器官为主的真菌病，特征性症状是肺脏和气囊发生炎症，并形成霉菌小结节。1~4周龄的雏鸡发病率最高，死亡率也高，多呈急性暴发。成年鸡多散在发生，呈慢性经过。

真菌是一种真核细胞微生物，细胞结构比较完整，有细胞壁、细胞核，不含叶绿体，无根茎叶的分化，大多数由分枝或由不分枝的丝状体组成，仅有少数是单细胞存在。真菌比细菌大几倍到几十倍。真菌在菌体外有一层坚硬的细胞壁，但没有细菌细胞壁的肽聚糖。烟曲霉菌是本病最为常见的病原霉菌，其次是黄曲霉。此外，黑曲霉、构巢曲霉、土曲霉、青曲霉、白曲霉等也有不同程度的致病性，可见于混合感染的病例中。这些曲霉菌均具有如下共同的形态结构：菌丝、分生孢子梗、顶囊、小梗和分生孢子，可形成呈串珠样的分生孢子，对外界环境中各种理化因子的抵抗力很强。

（二）诊断要点

1. 流行病学诊断

禽类对曲霉菌的感染无品种和性别差别，各种禽类都易感。幼禽易感性最强。雏鸡在 4~14 日龄的易感性最高，常呈急性暴发。环境与饲料中的霉菌均为传染源。凡是存在霉菌孢子的地方，均有可能污染环境，传播疾病。出壳后的幼雏在进入被烟曲霉菌污染的育雏室后，48h即开始发病死亡，病死率可达50%左右，至30日龄时基本上停止死亡。主要经呼吸道和消化道传播，若种蛋表面被污染、孢子可侵入蛋内，感染胚胎。用锯末或者木屑作为垫料时，烟曲霉很容易在这些垫料上生长，而雏鸡的抵抗力差，当吸入了一定量的霉菌孢子时，就很容易发生肺炎型症状。此病的发生和传播都和烟曲霉的发育环境有关，高温、多湿和饲养密度过大等都可以导致家禽抵抗力降低而发病。

2. 临床诊断

自然感染的潜伏期为2~7天，发病率不等。雏鸡感染后呈急性经过，表现为食欲减退，头颈前伸，张口呼吸，打喷嚏，鼻孔中流出浆性液体，羽毛蓬乱，闭目嗜睡。病的后期发生腹泻，有的雏鸡出现歪头、麻痹、跛行等神经症状。病程长短取决于霉菌感染的数量和中毒的程度。成年鸡多为散发，感染后多呈慢性经过，病死率较低。部分病例由于霉菌侵入眼眶、下颌等部，形成霉菌肿胀物。

3. 病理学诊断

病/死鸡可在肺表面及肺组织中可发现粟粒大至黄豆大的黑色、紫色或灰白色质地坚硬的结节（图4-1-1），有时大结节可累及整个肺脏（图4-1-2），切面坏死；气囊混浊，有灰白色或黄色圆形病灶或结节或干酪样团块物（图4-1-3）；气管、胸腔、腹腔、肝和肾脏等处也可见到类

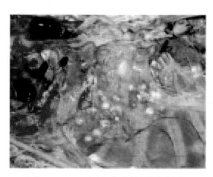

图4-1-1　鸡肺脏感染霉菌结节

似的结节。气囊、肺脏表面可见到霉斑，肺脏充血、水肿。

曲霉菌毒素中毒时还可见到肝脏肿大（图4-1-4），呈弥漫性充血、出血，胆囊扩张，脾脏肿大（图4-1-5）。偶尔可在鸡蛋的气室

发现霉斑。

图 4-1-2 霉菌感染病鸡肺脏霉菌结节

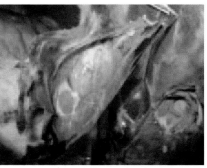
图 4-1-3 霉菌感染病鸡肺脏结节

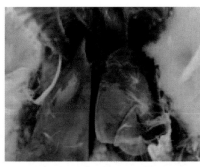
图 4-1-4 霉菌感染病鸡肝脏变绿

图 4-1-5 霉菌感染病鸡脾脏肿大

4. 实验室诊断

可利用沙堡弱氏培养基分离培养霉菌。也可将不同部位的霉菌结节置于载玻片，利用 15% 的氢氧化钠固定，盖上盖玻片轻轻压一下后于显微镜下观察，在霉菌结节中心可见到曲霉菌的菌丝。

（三）防控要点

对霉菌病缺乏有效的治疗方法。预防是控制霉菌病的首选方案。

1. 综合防控措施

（1）避免使用霉变的饲料和垫料。避免使用发霉的饲料、垫草和饲槽，保持禽舍和育雏设施的清洁和干燥，是预防本病发生的主要措施。在高温、高湿的夏秋季节应保证饲料新鲜。在饲料中添加脱霉制剂，如膨润土（0.5%~1%）、沸石粉（0.5%~2%）等，可对霉菌具有吸附作用。

（2）加强孵化器和育雏室的消毒。孵化器被霉菌感染后，在孵化过程中其内部的曲霉菌可直接穿透蛋壳感染胚胎，导致胚胎死亡或使刚出生的雏鸡感染曲霉菌。若育雏室长期被霉菌污染，则其地表土壤中也会含大量霉菌孢子，必须要对育雏室进行彻底换土和清扫，并用5%石炭酸或来苏儿进行消毒。也可利用0.5%过氧乙酸带鸡消毒。

（3）通风换气。霉菌大部分是经过呼吸道感染。可加强禽舍内的通风换气，有效降低舍内的温度和湿度，同时排出舍内有害气体如硫化氢、氨等及污浊的空气，降低舍内空气中的霉菌数量。

2. 药物治疗

硫酸铜按0.05%~0.1%的比例饮水，连用7天，可防止该病的扩散。

克霉唑按1~4g/L，口服3次/天；按体重20μg/kg肌内注射，连用3~5天。

碘化钾按5~10g/L饮水，连用3天。

病禽口服碘化钾3~8mg/只，3次/天，连用3天。

制霉菌素按5 000 IU/（只·次），2次/天，连续用药2~5天。

利高菌素按30mg/L饮水，2~3天。

二、念珠菌病

（一）概述

念珠菌病又称"鹅口疮"，俗称"大嗉子病"，是由白色念珠菌（Candida albicans）引起的鸡的一种霉菌病。临床上以家禽上部消化道黏膜形成白色假膜和溃疡、嗉囊增大等为特征。

白色念珠菌是一种类酵母样的真菌。在培养基上菌落呈白色金属光泽。菌体小而椭圆，能够长芽，伸长而形成假菌丝。革兰氏染色阳性，但着色不均匀。本菌抵抗力不强，用 3%~5% 的来苏儿溶液对鸡舍、垫料进行消毒，即可杀死该菌。

（二）诊断要点

1. 流行病学诊断

多种禽类感染，4 周龄以内的雏鸡最易感。该菌在自然界广泛存在，可在健康畜禽及人的口腔、上呼吸道和肠内等处寄居，属于条件性致病菌。通过发霉变质的饲料、垫料或污染的饮水等在鸡群中传播。病鸡 / 带菌鸡及其分泌物均是传染源。主要发生在夏、秋炎热多雨季节。

2. 临床诊断

雏鸡感染念珠菌后多表现为非特异性症状，如全身消瘦、发育不良等。急性暴发时无任何特殊症状，一旦病鸡出现精神沉郁、食物废绝，即在 2 天内死亡。患病鸡触诊嗉囊柔软，压迫病鸡鸣叫、挣扎，有时病鸡从口腔内流出酸臭黏液样内容物，嗉囊下垂。严重者，可出现吞咽困难，不能进食，逐渐消瘦，最后衰竭死亡。

病程一般为 5~15 天。6 周龄以前的幼禽发生本病时，死亡率可高达 75%。

3. 病理学诊断

病鸡消瘦，嗉囊增大，嗉囊内充满黄 / 白色絮状物（图 4-2-1）；口腔、咽、食道黏膜形成溃疡斑块，有乳白色干酪样假膜（图 4-2-2）。严重病例，病鸡嗉囊黏膜粗糙增厚，表面有隆起的芝麻粒乃至绿豆大小的白色圆形坏死灶，严重者形成白色干酪样假膜，假膜易剥离似豆腐渣样，刮下假膜留下红色凹陷基底。

4. 实验室诊断

确诊必须采取病变组织做抹片检查。白色念珠菌是属于酵母类的一种真菌，比一般细菌大 50 倍，利用低倍显微镜就可以看到。通常取坏死伪膜病料，经氢氧化钾处理后，革兰氏染色镜检可以见到椭圆形酵母样细胞或假菌丝。

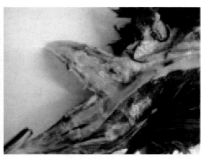

图4-2-1　念珠菌感染病鸡嗉囊内充满黄／白色絮状物　　图4-2-2　念珠菌感染病鸡口腔黏膜破损

（三）防控要点

1. 综合预防

无特异性防控措施，核心在于预防。

禁喂发霉变质饲料、禁用发霉的垫料。保持鸡舍清洁、干燥、通风可有效防止发病。潮湿雨季，在鸡的饮水中加入0.02%结晶紫，每星期喂2次可有效预防本病。

2. 发病对策

病鸡禁食24h，喂干粉料并在饲料中加入酵母片、维生素A丸或乳化鱼肝油，每天2次，连用5天，有助于康复。常用药物如下：

硫酸铜按0.05%~0.1%饮水，每天1次，连续用药7天。

制霉菌素按5 000IU/（只·次），2次/天，连续用药2~5天。

三、鸡球虫病

（一）概述

鸡球虫病是由艾美耳科（Eimeriidae）艾美耳属（*Eimeria*）的球虫引起的疾病的总称，主要危害雏鸡，临床上以贫血、消瘦和血痢等为特征。迄今全世界记载的鸡球虫共有15种，证实对鸡有害的球虫有9种，包括堆型、布氏、哈氏、巨型、变位、和缓、毒害、早熟和柔嫩艾美耳球虫，均属于艾美耳属。

（二）诊断要点

1. 流行病学诊断

鸡是鸡球虫唯一的天然宿主。所有日龄和品种的鸡对球虫都易感染，主要发生于3~6周龄的小鸡。堆型、柔嫩和巨型艾美耳球虫的感染常发生在3~7周龄的鸡，而毒害艾美耳球虫常见于8~18周龄的鸡。凡被病鸡、带虫鸡的粪便或其他动物污染过的饲料、饮水、土壤或用具等，均可能成为传染源。该病一年四季均可发生，4—9月为流行季节，特别是7—8月潮湿多雨、气温较高的梅雨季节易暴发。

2. 临床诊断

球虫病按照病程长短可分为急性和慢性两种类型。

（1）急性型多见于雏鸡，其病程约数日到2周。鸡群感染球虫后，病鸡常常羽毛逆立，食欲减退，以后由于肠道上皮的大量破坏和机体中毒的加剧，病鸡逐渐消瘦，共济失调，贫血，皮肤、鸡冠和肉髯颜色苍白，间歇性腹泻，拉血便（图4-3-1），排出暗红色/西红柿样粪便（图4-3-2）。末期发生痉挛和昏迷，不久死亡。如不及时采取防治措施，死亡率可达50%以上。

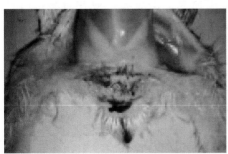
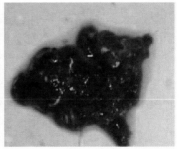

图4-3-1 球虫感染病鸡拉血便　　　图4-3-2 球虫感染病鸡的粪便

（2）慢性病例多见于1月龄以上的鸡或成年鸡。症状与急性鸡相似，病期较长，可延续数周至数月。病鸡逐渐消瘦，足和翅膀发生轻瘫，蛋鸡产蛋率降低，有间歇性下痢，很少发生死亡。

3. 病理学诊断

不同种类的艾美耳球虫感染后，其病理变化也不同。

（1）毒害艾美耳球虫。寄生于小肠中1/3段，侵害小肠中段，致病力强。小肠肠腔扩张（图4-3-3），肠黏膜充血，并密布出血点（图4-3-4），肠壁变厚，黏膜显著充血、出血和坏死；肠内容物为血液和大量黏液、纤维素和坏死、脱落的上皮组织。浆膜和黏膜可见黄白色斑点。

图4-3-3　球虫感染病鸡肠道出血　　图4-3-4　球虫感染病鸡肠道出血

（2）柔嫩艾美耳球虫。寄生于盲肠，致病力最强。盲肠肿大2~3倍，呈暗红色，浆膜外有出血点、出血斑；剪开盲肠，内有大量血液、血凝块和大量干酪样肠芯（图4-3-5），盲肠黏膜出血（图4-3-6）、水肿和坏死，盲肠壁增厚；有的病例见肠黏膜坏死脱落与血液混合形成暗红色干酪样肠芯。

（3）堆型艾美耳球虫。寄生于十二指肠及小肠前段，在被损害肠段出现大量淡白色斑点，排列呈横行，外观呈阶梯状（图4-3-7）。

（4）巨型艾美耳球虫。寄生于小肠，损害小肠中段，肠管增厚，内容物黏稠，呈淡灰色、淡褐色或淡红色，有时混有很小的血块（图4-3-8）。

（5）变位艾美耳球虫。寄生于小肠、直肠和盲肠，有一定的致病力。轻度感染时肠道的浆膜和黏膜上出现单个、包含卵囊的斑块，严重感染时，可出现散在或集中的斑点。

（6）其他。球虫致病力较弱。和缓艾美耳球虫、哈氏艾美耳球虫寄生在小肠前段；早熟艾美耳球虫寄生在小肠前 1/3 段；布氏艾美耳球虫寄生于小肠后段，盲肠根部。

图 4-3-5　球虫感染病鸡盲肠病变　　图 4-3-6　球虫感染病鸡盲肠出血病变

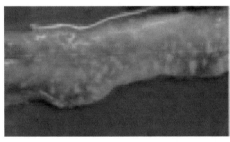
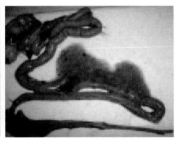

图 4-3-7　球虫感染病鸡肠道黏膜有大量淡白色斑点　　图 4-3-8　球虫感染病鸡肠道黏膜受损，肠道含有白色、稀薄和血样内容物

4. 实验室诊断

利用粪便中的球虫卵囊进行检查，一旦发现有大量卵囊即可确诊。

（三）防控要点

球虫病的防控核心要控制球虫卵的污染。鸡群要全进全出，鸡舍要彻底清扫、消毒（有条件时应使用火焰消毒），保持环境清洁、干燥和通风。在饲料中保持有足够的维生素 A 和维生素 K 等。疫苗接种、药物预防和治疗是控制球虫病的重要手段。

1．免疫接种

疫苗分为强毒卵囊苗和弱毒卵囊苗两类，疫苗均为多价苗，包含柔嫩、堆型、巨型、毒害、布氏、早熟等主要虫种。疫苗大多采用喷料或饮水，将球虫苗（1~2 头份）喷料接种可于 1 日龄进行，饮水接种须推迟到 5~10 日龄进行。鸡群在地面垫料上饲养的，接种一次卵囊；笼养与网架饲养的，首免之后间隔 7~15 天要进行二免。疫苗免疫前后应避免在饲料中使用抗球虫药物，以免影响免疫效果。

2．药物预防和治疗

（1）2.5% 妥曲珠利（百球清、甲基三嗪酮）溶液 25mg/L 混饮 2 天。

（2）0.2%、0.5% 地克珠利（球佳杀、球灵、球必清）预混剂混饲（1g/kg 饲料），连用 3 天。注意：0.5% 地克珠利溶液，使用时现用现配，否则影响疗效。

（3）马杜霉素铵预混剂混饲（肉鸡 5mg/kg 饲料），连用 3~5 天。

（4）25% 氯羟吡啶（克球粉、可爱丹）预混剂，混饲（125mg/kg 饲料），连用 3~5 天。

（5）5% 盐霉素钠（优素精、沙里诺霉素）预混剂，60mg/kg 混饲，连用 3~5 天。

（6）0.6% 氢溴酸常山酮（速丹、球易安）预混剂，3mg/kg 混饲，连用 5 天。

四、鸡组织滴虫病

（一）概述

鸡组织滴虫病俗称"黑头病"，是由火鸡组织滴虫寄生于鸡盲肠和肝脏引起的一种急性寄生虫病。该病主要危害鸡的肝脏和盲肠，故又称"盲肠肝炎"。

病原为火鸡组织滴虫，是一种厌氧的单细胞原虫。根据其寄生部位可分为肠型虫体（主要见于盲肠腔中）和组织型虫体（主要见于肝脏）。

（二）诊断要点

1. 流行病学诊断

2周龄至4月龄的鸡均可感染，但4~6周龄的鸡易感性最强，成年鸡也可以发生，多呈隐性感染，并成为带虫者。该寄生虫主要通过消化道感染。蚯蚓、蚱蜢、蝇类、蟋蟀等均有可能携带虫卵。当雏鸡吞食了带虫动物后，单孢虫即逸出，并使幼雏鸡发生感染。本病多发生于夏、秋两季。野外放养、鸡舍潮湿、过度拥挤、营养不良等均可促使本病的发生和流行。

2. 临床诊断

潜伏期7~21天。病鸡垂翅、低头、闭眼和嗜睡，行不稳如踩高跷，下痢可带血，腹泻，粪便呈淡黄色或淡绿色。病末期，病鸡头部皮肤、冠及肉髯严重发绀，呈紫黑色，故有"黑头病"之称。病程1~3周，死亡率一般不超过3%，严重可高达30%。

3. 病理学诊断

病/死鸡肝肿大、紫褐色、表面散在大小不等的圆形、黄色或黄褐色、中央凹陷的坏死灶。该坏死灶边缘隆起，呈硬币状，周围常有红晕，可融合成大片的溃疡区（图4-4-1）。

急性病鸡见一侧或两侧盲肠肿胀，呈出血性炎症，肠腔内含

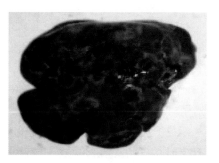

图4-4-1 盲肠肝炎肝脏病变

有血液（图4-4-2）。盲肠高度肿大，肠壁肥厚、紧实像香肠一样，肠内容物干燥坚实、成干酪样的凝固栓子，横切栓子，切面呈同心层状，中心有黑色的凝固血块，外周为灰白色或淡黄色的渗出物和坏死物（图4-4-3）。

图4-4-2　盲肠肝炎一侧盲肠充满　图4-4-3　盲肠肝炎盲肠肿胀和充满内容物
内容物和出血

4. 实验室诊断

确诊应进行虫体的检查。利用40℃的生理盐水稀释盲肠黏膜刮取物，制成悬滴标本，置于显微镜下观察，如果发现呈钟摆样运动的肠型虫体，或者取肝脏组织触片，经姬姆萨染色后镜检，发现组织型虫体后即可确诊。

（三）防控要点

1. 预防

严格做好鸡群的卫生、管理和消毒工作，杜绝地面饲养，防止带虫体的粪便污染饮水或饲料。另外，应对成年鸡进行定期驱虫。

2. 发病对策

（1）甲硝唑按500mg/L饮水7天，停药3天，再用7天。蛋鸡禁用。

（2）20%地美硝唑（二甲硝唑、二甲硝咪唑、达美素）预混剂，治疗时按500mg/kg混饲。预防时按100~200mg/kg混饲。产蛋鸡禁用，休药期3天。

（3）丙硫苯咪唑按40mg/kg体重，口服，1次/天，连用2天。

（4）2-氨基-5-硝基噻唑在饲料中添加0.05%~0.1%，连续饲喂14天。

（5）左旋咪唑按40mg/kg体重，口服，每天1次，连用2天。

参考文献

崔治中. 2010. 禽病诊治彩色图谱［M］. 北京：中国农业出版社.

范国雄. 1995. 动物疾病诊断图谱［M］. 北京：北京农业大学出版社.

黄迪海，秦春芝，盛晓丹，等. 2015. 禽源大肠杆菌的分离鉴定及
　　耐药性检测［J］. 山东畜牧兽医，36（11）：11-13.

雷连成，韩文瑜，王兴龙，等. 2001大肠杆菌质粒与喹诺酮耐药性
　　关系的研究［J］. 吉林农业大学学报（2）：89-92.

刘金华，甘孟候. 2016. 中国禽病学［M］. 第二版. 北京：中国农
　　业出版社，

刘秀梵. 2010. 我国新城疫病毒的分子流行病学及新疫苗研制［J］.
　　中国家禽，32（21）：1-4.

孟芳，徐怀英，张伟，等. 2016. 近20年中国部分地区鸡源H9N2亚
　　型禽流感病毒HA基因遗传演化及其变异频率［J］. 微生物学报，
　　56（1）：35-43.

孟庆美，王少辉，韩先干，等. 2014. 禽致病性大肠杆菌毒力基因多
　　重PCR方法的建立和应用［J］. 微生物学报，54（6）：696-702.

秦卓明，徐怀英，欧阳文军，等. 2008. 新城疫病毒毒株交叉鸡胚
　　中和指数及其与F和HN基因变异的相关性［J］. 微生物学报，48
　　（2）：226-233.

世界动物卫生组织. 2007. 陆生动物诊断试验和疫苗手册（哺乳动
　　物、禽鸟与蜜蜂）［M］. 第五版. 农业部兽医局译. 北京：中国农
　　业出版社.

孙桂芹. 2011. 新编禽病快速诊治彩色图谱［M］. 北京：中国农业
　　出版社.

孙卫东，谭应文．2018．鸡病诊治原色图谱［M］．北京：机械工业出版社．

王红宁．2002．禽呼吸系统疾病［M］．北京：中国农业出版社．

于康震，陈化兰．2015．禽流感［M］．第一版．北京：中国农业出版社．

Saif Y M，Fadly A M，Glisson J R，et al，2012．Diseases of Poultry［M］．苏敬良，高福，索勋主译．北京：中国农业出版社．